建筑·用能·行为

李翠 燕达 李峥嵘 王闯 主编

俞准 主审

中国建筑工业出版社

图书在版编目（CIP）数据

建筑·用能·行为 / 李翠等主编. — 北京：中国
建筑工业出版社，2021.5（2022.9重印）
ISBN 978-7-112-26160-4

Ⅰ. ①建… Ⅱ. ①李… Ⅲ. ①建筑—节能—研究
Ⅳ. ①TU111.4

中国版本图书馆 CIP 数据核字（2021）第 087652 号

责任编辑：齐庆梅
责任校对：姜小莲

建筑·用能·行为

李 翠 燕 达 李峥嵘 王 闯 主编
俞 准 主审

＊

中国建筑工业出版社出版、发行（北京海淀三里河路 9 号）
各地新华书店、建筑书店经销
北京科地亚盟排版公司制版
北京建筑工业印刷厂印刷

＊

开本：787 毫米×1092 毫米 1/16 印张：11¼ 字数：265 千字
2021 年 5 月第一版 2022 年 9 月第二次印刷
定价：**58.00** 元
ISBN 978-7-112-26160-4
（37152）

序

建筑居住者的用能行为,是建筑设计优化、用能诊断、性能评估和能耗模拟的关键影响因素。人的用能行为含义广泛,包括人员在空间之间的移动及各空间内人数、空调器开关与温度设定、照明和用电设备开关、窗户和遮阳设备操作等,它们都对建筑物中的实际用能水平和居住舒适度产生显著影响。因此深入了解人的用能行为,并采用建模和模拟技术方法量化其对建筑技术和建筑性能的影响,对低能耗和低碳建筑的设计和运行优化至关重要。

在以往的建筑和暖通空调设计中,通常将人的用能因素简化为固定的人员在室作息和设备运行规律,而这种方式忽略了人员用能动作的随机性和环境反馈性。2007年,清华大学李兆坚博士通过对北京一栋住宅楼内各户的空调能耗进行调研实测后发现,虽然各户的围护结构与气象参数差异较小,但各户的空调能耗却呈现出巨大差异,而这一差异主要是由各户空调的使用行为不同所造成的。因此,人员用能行为这一因素逐渐受到国内学者的关注,并随之开展了一系列围绕人员位移、用能动作等人员用能行为的相关研究。

2013—2018年,随着国际能源署建筑与社区能源国际合作项目ANNEX66的开展,人员用能行为的研究得到了建筑模拟领域的广泛关注。在ANNEX66项目之中,各国专家共同研讨和制定了人行为研究的标准定义和科学研究的方法框架,从数据采集、模型构建,到模型检验、工程应用与评价的不同阶段,建立了一套完整的研究体系。2019年起,ANNEX79项目接过ANNEX66的接力棒,持续推动人员用能行为这一领域的研究与应用。

在我国,自2014年5月30日在同济大学召开第一次全国人行为模拟研讨会以来,先后在北京工业大学、浙江大学、宁波诺丁汉大学、西安建筑科技大学、哈尔滨工业大学、重庆大学、西南交通大学、湖南大学等多所高校持续召开"建筑人行为模拟"年度研讨会,目前已成功召开了十一届。各位专家学者在会上共享人行为测试数据,深入探讨人行为数据分析方法,交流人行为模拟软件开发应用等问题。经过国内同行专家学者的共同努力,我国人行为研究团队在国际上也具有了非常大的影响力。在此也对共同推动我国人行为研究工作的专家学者表示深深的谢意!

本书整理了我国学者在人员用能行为研究领域的诸多成果,形成的主要内容包括人员用能行为的科学定义与定量研究方法、住宅和办公建筑中不同人行为的分析结果,以及构建系统的人行为研究方法体系等。希望本书对各位专家同行在人行为研究方面能有所帮助,也希望大家共同努力,持续推动这一领域研究的发展。

最后,衷心感谢江亿院士、朱颖心教授对本书研究工作的悉心指导,感谢湖南大学俞准教授对本书的校稿与指导,同时也深深地感谢同济大学、清华大学、北京工业大

学、北京建筑大学、浙江大学、天津大学、宁波诺丁汉大学等诸多老师同学对本书编撰
工作所作的贡献!

2021 年 4 月 5 日　于清华园

前　言

我国建筑行业正处于高速发展阶段，建筑节能工作也得到了全社会的广泛重视。在建筑规划和设计阶段的节能标准体系已相对完善，许多地区新建建筑已实施节能75％的标准，建筑围护结构的节能潜力也得到了充分释放，同时，大量建筑节能技术及节能产品也在市场中得到了大力推广和应用。然而在建筑运行阶段，由于建筑中使用者的用能行为差异较大，造成对建筑实际用能水平很难准确预估。建筑是为满足人类生产和生活需要而产生的，人是建筑的建造者，同时也是建筑及其内部设备的使用者，从用户与建筑、设备的关系来看，在长期操作和控制的过程中形成行为习惯，这些人的行为将直接影响建筑能耗水平。因此，用能行为模式的影响先于技术设备的能效影响，且直接作用于最终的建筑能耗。

建筑运营阶段能源使用影响因素较为复杂，各建筑使用和运行方案也不同。不同于设计阶段，建筑运行能耗关注重点是能源系统使用的效率及系统调控情况。不同类型建筑，用能行为及需求差异较大。住宅建筑，居民的用能行为主要体现在满足生活需求的设备使用，如炊事用具、家用电器等，以及满足舒适性需求的供暖、通风、空调等设备的使用。公共建筑，以办公建筑为例，重点在照明、空调等设备使用，以及对窗户、窗帘的控制等。

为了深入探讨建筑中用能行为对室内环境与建筑能耗水平的影响，本书共分为5章对建筑用能行为进行介绍。第1章主要介绍了建筑用能行为的发展、定义及研究范畴。第2章围绕建筑用能行为的定量研究方法，主要介绍用能行为对建筑热湿环境与空调负荷的影响，以及对空调负荷影响的定量描述；用能行为特征研究中人员移动、动作的定量描述；并以DeST软件为例介绍用能行为模拟计算的基本方法。第3章主要是对住宅建筑中供暖空调行为、生活用电行为、家庭用水行为，以及它们对住宅能耗的影响等方面展开相关的专题研究。第4章主要介绍了办公建筑中空调、窗户、遮阳、办公设备使用行为，以及酒店空调行为研究成果。最后第5章对建筑用能行为研究做了总结和展望。

本书由李翠、燕达、李峥嵘和王闯等老师共同主编。第1章主要由李峥嵘、王闯、燕达、李翠等老师编写，由同济大学李峥嵘老师统稿；第2章主要由丁研、王闯、孙红三、燕达、李翠等老师编写，由北京建筑大学王闯老师统稿；第3章主要由陈淑琴、简毅文、谢静超、张静思、周翔、王闯、燕达、张行星等老师编写，由北京工业大学简毅文老师统稿；第4章主要由周欣、王闯、燕达、潘嵩、李翠、李峥嵘、丁研、潘毅群等老师编写，由同济大学李翠老师统稿；第5章由清华大学燕达老师编写。

湖南大学俞准老师对本书成稿精心审阅，提出了许多宝贵的意见，对本书的质量提高有很大的帮助，在此表示衷心感谢。

本书由以下科研项目资助："十三五"国家重点研发计划：建筑全性能仿真平台内核开发（项目编号 2017YFC0702200）；国家自然科学基金面上项目：建筑中典型行为模式及人群分布获取及检验方法研究（项目编号：51778321）和基于高维空间理论的建筑能耗预测最小变量集构建方法研究（项目编号：51978481）；国家自然科学基金青年项目：分散调节方式下的住宅空调使用行为及其定量模型研究（项目编号：51608297）；上海市科委项目：基于信息融合的建筑智能环控系统关键技术与示范（项目编号：18DZ1202700），特此感谢！

本书为建筑用能行为研究取得的部分成果，书中难免有所疏漏和不妥之处，希望广大读者批评指正。

目　　录

0 序 论

　　现有的研究已经表明，在建筑能耗的全生命周期内，建筑运行期能耗是建筑能耗的主要构成。降低建筑运行能耗的技术途径包括优化建筑设计、提高建筑设备系统运行效率、降低建筑对于化石类能源的依赖、提高建筑管理水平等。过去半个世纪对于建筑节能的研究与实践多集中于建筑和设备系统、运行管理本身，或者多集中于"物"的层面，关于建筑使用者（即"人"的层面）的影响研究与实践在诸多的技术环节中往往缺失。

　　调查显示人的一生有 80％ 的时间是在室内度过的[1]。作为建筑本体的服务对象，建筑使用者对室内环境的偏好与对建筑不同能耗系统的使用习惯通常被忽视或过度简化，造成人工环境的质量与建筑运行能耗表现与预期偏差较大，例如文献［2］的研究显示，不同的人员行为模式可以导致建筑能耗增加 80％ 或降低 50％，因此人员行为对于建筑性能的影响受到越来越广泛的关注与探索。"智慧建筑""以人为本建筑"等理念的推行，进一步推动了关于人员行为模式的研究与实践；而计算机技术与大数据技术的快速发展，使从"人"的层面进行建筑运行表现的深入研究成为可能。

　　对建筑运行产生影响的人员动作最早被定义为"基于感知到的周遭环境与以往经验的总和进行比较，人员进行有意识或无意识的动作来控制周遭人工环境的物理参数"[3]，该定义仅限于与感知环境相关的动作行为[4]，不包含人员的自身调节行为。

　　现有研究普遍认为"建筑内人员用能行为"这一概念包括人员动作与人员位移。人员动作行为主要指人员调节建筑内环控系统状态的行为，如空调、照明、开窗、遮阳等控制行为；人员位移主要指人员在建筑内的活动轨迹。具体到每个房间则为人员在室的情况，如房间内人员的数量及所处的位置。建筑内这两种"人员活动方式"深刻影响着人员自身对建筑环控系统的需求，从而影响建筑系统的运行状态，影响建筑运行能耗。

　　可见，人员行为对建筑运行性能的影响大致可以源自（但不限于）以下几个方面：

　　（1）人员在室率，即某时刻在室内的人员数量，一般采用设计工况下人员总数的百分比表示。室内人员自身引起的空调负荷是建筑空调负荷的基本组成部分之一；同时，对于非工业场合，现代的建筑管理，往往将室内照明、办公、娱乐等设备运行状态的控制与人员在室数量直接相关。因此，由人员引起的空调负荷不仅包括人员自身部分，还包括相关室内设备引起的负荷，导致人员在室率的准确判断对于建筑能耗具有重要意义。

　　（2）人员在室行为状态。人员在室行为状态和行为轨迹一方面反映了室内人员新陈代谢率，从而影响人员自身引起的空调负荷；同时，行为轨迹也反映了室内人员对于室内设备的操控频率，影响了建筑部件（如门、窗等）的逐时状态，以及室内设备的运行和待机时间比，直接引起建筑用能负荷的变化。

（3）人员在室需求。室内人员的需求可以是生理、心理、习惯等，比如到办公室后首先开灯、开窗、开空调等行为可能属于习惯性行为，比如希望看看外面的风景，晒晒太阳等行为，可能是生理和心理的需求。人员复杂的需求导致的行为既反映统计学意义上的概率事件，也反映社会学、心理学等方面的事件，行为的结果直接影响建筑能耗特征与规模。

（4）人员在室用能行为。人员对于室内设备与建筑部件（如门、窗等）的操控是影响建筑能耗特征与规模的直接因素，必然属于建筑性能（能耗）模拟软件、建筑运行管理中的重要内容。

本书是国内从事建筑用能行为相关研究团队近年来部分研究成果的一个集中展示，希望从不同方面对上述内容进行初步阐述，尝试回答一些问题，向读者和建筑用户抛出一些想法，提供一些参考，引发更有意义的思考。

参考文献

［1］ Wagner A，O'Brien W，Dong B. Exploring Occupant Behavior in Buildings ［M］. 2018.

［2］ Hong T，Lin H-W. Occupant Behavior：Impact on Energy Use of Private Offices ［R］. 2013.

［3］ Schweiker M. Occupant Behaviour and the Related Reference Levels for Heating and Cooling：Analysis of the Factors Causing Individual Differences Together with the Evaluation of Their Effect on the Exergy Consumption within the Residential Built Environment ［D］. Tokyo City University，2010.

［4］ Fabi V，Andersen R V，Corgnati S，et al. Occupants' Window Opening Behaviour：A Literature Review of Factors Influencing Occupant Behaviour and Models ［J］. Building and Environment，2012，58：188-198.

1 建筑用能行为研究概述

建筑的发展是伴随科技发展与人类对美好生活的追求而展开的，尤其是民用建筑，承载了人生 80% 以上的生命时间。建筑的变革也显著影响了人们的生活方式、用能方式和用能行为。同时，人的行为也反向作用于建筑及其能耗，两者之间相互影响。本章围绕建筑用能行为，主要介绍建筑用能行为的发展、定义及研究范畴。

1.1 建筑用能行为的发展

在建筑通风空调系统诞生之前，传统建筑为了提高室内环境的舒适性，只能依靠被动技术，充分利用当地的地形条件、太阳能条件、风场条件等，构筑与当地气候相适应的建筑形式，从而形成了风格鲜明的传统建筑形式，如干栏式建筑、天井建筑、四合院、窑洞等[1-3]。

工业革命之后，人类社会开始从农业文明向工业文明转变，建筑材料、建造方法和室内环境调控方式都发生了巨大变化，科技的进步导致建筑可以完全依赖机械设备系统调控室内环境，建筑的形式也不再受局地自然环境因素的制约[4]。人类可以控制建筑内部各分区的环境，以满足多种多样的功能需求。可以认为，机械系统放飞了建筑设计，也放飞了人的追求。其结果就是建筑能耗与国民经济的发展水平直接相关，发达国家建筑能耗可以占国民经济总能耗的 40%～60%，我国部分地区的建筑能耗占比也超过了 20%。

因此，自 20 世纪 70 年代以来，建筑节能一直是国际领域的热点。人们从建筑的形体设计、热工设计、能耗系统设计、运行维护管理等诸多方面提出了不同节能方案，意图降低建筑运行能耗。但在所谓节能建筑的实际运行中，发现许多建筑的表现并不能达到预期，其中的核心问题之一就是对人员的用能行为考虑不足。

建筑的设计者与运维团队对人员的行为习惯考虑不足，往往将人员的行为模式进行了过度的简化[5]，导致建筑使用人员并没有像"预期"那样调控室内的光热环境[6]，从而造成了偏离预期的能源消耗。无论是现有的相关建筑设计标准还是日常建筑运行管理模式，通常将人员行为模式进行"机器人假设"，即"所有人都一样，每一天都一致"。但是，众所周知，实际情况并非如此，此种理念无法体现人员行为的多样性和不确定性。而远程办公、共享办公的增长也意味着人员作息时刻表与传统的标准作息时刻表存在较大差异，这也势必不断增加预期的建筑能耗与实际能源需求之间的偏差。

另一方面，人员自身也时常出现能源浪费现象。有研究表明：办公建筑中56%的能源消耗发生在非工作时间段[7]。浪费型行为可比预设场景型多消耗三分之一的能源，而节约型行为可以节省三分之一的能耗。

研究与实践结果显示，将人员行为纳入建筑节能体系，居住建筑和商业建筑的节能率可以达到5%～30%[8-10]。因此，有必要在技术层面的基础上，从能源需求角度审视建筑中人的行为问题，从根本上降低建筑能耗规模。虽然人类不可能回到工业革命以前的行为状态，但是可以揭示人员行为对于建筑性能的影响，鼓励健康、节能的行为模式。

简言之，建筑内人员行为可以认为是人员与建筑本体之间动态相互作用的结果，并时刻影响着建筑的运行能耗与室内环境质量。智慧建筑等相关概念的提出，要求建筑业主、建筑运维团队等进一步形成基于人员行为的建筑运行管理模式及愿景。为了提升建筑能效，尽管在建筑设计层面已经对诸如建材、设备、围护结构等方面进行了大量相关研究与实践，但对于建筑人员行为方面的理解相对较少，需要不断探索与实践。

参考文献

[1] 詹和平. 中西传统居住建筑室内空间设计比较 [J]. 南京艺术学院学报（美术与设计），2010（06）：72-76＋91.

[2] 朱颖心. 建筑环境学（第四版）[M]. 北京：中国建筑工业出版社，2015.

[3] 黄跃昊. 建筑学概论 [M]. 兰州：甘肃人民出版社，2013.

[4] 苟少清. 江南住宅适宜被动式技术的节能潜力研究 [D]. 上海：同济大学，2017.

[5] Wagner, Andreas, O'Brien, et al. Exploring Occupant Behavior in Buildings Structured Building Data Management：Ontologies, Queries, and Platforms [J]. 2018.

[6] Brager, Gail S, Gwelen P, et al. Operable Windows, Personal Control, and Occupant Comfort (RP-1161). ASHRAE Transactions, 2004, 110：17-35.

[7] Masoso O T, Grobler L J. The Dark Side of Occupants' Behaviour on Building Energy Use. Energy and Buildings, 2010, 42 (2)：173-177.

[8] Gaetani I, Hoes P J, Hensen J L M. Occupant behavior in building energy simulation：Towards a fit-for-purpose modeling strategy [J]. Energy and Buildings, 2016, 121：188-204.

[9] Pothitou M, Kolios A J, Varga L, et al. A framework for targeting household energy savings through habitual behavioural change [J]. International Journal of Sustainable Energy, 2016, 35 (7)：686-700.

[10] Heck S, Tai H. Sizing the Potential of Behavioral Energy-Efficiency Initiative in the US Residential Market Report [J]. McKinsey Company, 2014.

1.2　建筑用能行为定义与研究范畴

1.2.1　建筑用能行为的基本定义与内涵

从影响建筑室内环境和能源消耗的角度来看，通常需要考察用能行为的以下几个方面：

（1）移动行为（Movement/Occupancy）：室内人员是流动的，直接影响人员在室状况，即人什么时候在建筑房间中，每个房间各时刻的人数有多少等。只有人在房间的时候，才会产生其他的行为活动；而人员产热产湿又构成室内热量的重要来源，影响室内温湿度和空调冷热负荷。

（2）开窗行为（Window Opening/Closing）：人对窗户开启状态的控制与调节。窗户的开启和关闭直接影响建筑的自然通风状况，同时影响透过窗户进入室内的太阳辐射量，以及窗户自身的传热量。

（3）遮阳设施的调节行为（Curtain/Blinds Adjustment）：人对遮阳设施（如窗帘、百叶等）开启状态的控制与调节。遮阳设施的状态直接影响建筑的自然采光效果与透窗太阳辐射量，也影响到建筑围护结构的传热量。

（4）照明行为（Turning on/off lights）：人对照明灯具的使用和调节，直接影响照明设备运行作息、室内照度状况和建筑照明用电量，也是室内热量的来源之一。

（5）空调供暖设备的使用行为（Cooling/Heating）：人对空调制冷设备（包括房间空调器、FCU或VAV末端等）、供暖设备（包括散热器、电暖气、电热毯等）的使用和调节，直接影响空调供暖设备运行作息、室内温湿度，以及建筑耗冷量、耗热量和空调供暖能耗。

（6）电器设备的使用行为（Appliance Usage）：人对各类家用电器或办公电器（包括电视机、洗衣机、饮水机、电脑等）的使用，直接影响电器设备的运行作息以及建筑插座用电量，也是室内热量的来源之一。

（7）其他设备的使用行为：包括燃气灶、燃气热水器等设备的使用，直接影响这些设备的运行作息以及建筑用气量和用水量等。

以上方面的用能行为，与建筑环境和能耗有着直接而密切的联系。它们是人们在建筑中满足生活、工作、娱乐等需求时所表现出的一系列活动，是居民生活方式的一个组成部分，也是本书建筑使用模式、建筑使用状况所特指的内容。

在现代住宅和办公建筑中，由于集中式设备系统的应用，建筑中的人员除居住者和使用者外，还包括运行管理者，由他们专门负责集中系统的运行、调节和维护，为居住者和使用者提供服务。这样，一些设备的控制权就从居住者和使用者转移到了运行管理者手中，其运行方式也有显著变化。在一些简单、没有集中控制系统的住宅或办公建筑中，各类设备（包括外窗、遮阳、灯具、空调等）的运行状态一般由居住者或使用者决定，根据个人需要自行开启或关闭，往往间歇运行。而在带有集中控制系统的建筑中，一些设备的运行则与居住者或使用者无关，完全由运行管理者决定，例如中央空调系统、集中供暖系统、机械通风系统、公共区域照明系统的运行控制等，为满足不同用户的需要，这些系统往往连续运行。由于这两类人员的作用对象和行为特点完全不同，必须区分对待、分别研究。

本书将重点研究和讨论居住者和使用者的行为，出于以下几点原因：①运行管理者的行为较为简单，大多按固定作息方式实行，目前已有较多相关研究，而居住者和使用者的行为则较为复杂，研究还远不够深入，尚未形成科学体系；②运行管理者是为居住者和使用者服务的，其行为方式应由居住者和使用者的需求所决定，而研究居住者和使用者的行为将有助于剖析用户实际需求，改进运行管理方式并提升服务水平；③目前占我国建筑总面积 80% 的住宅和小型办公建筑，都属于简单、无集中控制系统的建筑类型，研究此类建筑中居住者和使用者的行为，对于各项建筑节能工作的开展有着重要的现实意义。因此，本书提到的人员行为，都是针对居住者和使用者的行为，本书所考察的建筑，也主要是针对住宅和公共建筑。

1.2.2 建筑用能行为研究的范畴划分

人的行为十分复杂，其研究往往涉及众多学科领域。而由于建筑用能与人的行为密切相关，早在 20 世纪 70 年代第一次能源危机后，与建筑节能有关的人员行为研究就引起学术界包括社会学、经济学、心理学、生理学、工程学等多个领域的兴趣和重视，并从各自学科的角度探寻建筑节能的有效途径。总的来说，不同学科领域由于专业背景的不同，对人的行为的研究目的和研究内容都有很大区别，各有侧重；另一方面，由于都涉及人的行为，不同领域的研究之间又有一定的联系，容易纠缠和混淆。区分不同学科领域人的行为研究的范畴与边界，搞清楚各自研究什么、不研究什么，对于进一步明确建筑用能行为的研究目的和内容，是很有必要的。

1. 社会经济学领域的研究

在多数场合下，人的行为属于社会经济学等人文社科领域所讨论的范畴。通常所说的行为节能，也是在这个范畴下提出的。有关建筑用能的人的行为在社会经济学领域被纳入到能源消费行为的研究分支[1-4]，其研究目的很明确，就是力图优化能源消费行为与节能激励机制，通过促进"行为节能"来降低社会总体能源消耗。这类研究以家庭（即住宅）能源消费为代表，在美国和欧洲已有较长的历史，随着 20 世纪 70 年代石油危机的发生和燃料价格的上涨而兴起，在 20 世纪 90 年代达到高峰，并一直延续至今。

能源消费行为所覆盖的范围和涵义比较宽泛。有的学者认为能源消费行为包括"购买、使用、维护"三个方面[5]：与购买有关的行为包括对节能门窗、家用电器、供暖、通风等设备装置的购买，以及购买中的选择决策过程；与使用有关的行为是指建筑中各种设备装置的日常运行与使用，包括使用的频次、时长、强度等；与维护有关的行为是指建筑设备系统的保养、维修、改造等行为。有的学者按生活领域划分，包含自驾车、储蓄、度假、娱乐活动、外出就餐、购买衣物、家具装修、杂货、住房、保健、教育等方面的节能行为[6-8]。由于经济社会因素的综合性以及人的行为的多样性，有的学者还引入生活方式的概念，对能源消费行为及其影响因素进行整体概括和描述[9,10]。生活方式通常被定义为人们安排其个人及家庭生活的行为（包括他们的活动、兴趣和观点等），有时也被设定为习惯、价值和态度[10]。在生活方式和能源消费方面具有相似活动、兴趣和观点的人，可归为同一类，并以此区分不同的能源消费行为，生活方式也因此被认为是独一无二的、能够影响和反映能源消费行为的模式[7]。

从社会学和经济学的视角，对人们日常能源消费行为最感兴趣的地方是：这些行为受到哪些因素的影响？与自然、经济及社会环境有怎样的联系？如何能够激发和促进各种节能行为？这几方面的研究主要融合了经济学和社会学的两个基本观点：一个是经济学观点，即认为这些行为遵循"理性人"个人利益最大化的假设，主张利用价格、税收、补贴等经济手段进行行为调控；一个是社会学观点，即认为能源消费行为不是单纯的理性经济行为，同时还受到社会结构（包括年龄、性别、职业、家庭人口规模、婚姻状态、经济收入、教育水平、文化背景、节能态度与节能意识等因素）的影响，需要从社会心理、宣传教育、社会政策等方面介入和干预。由于涉及个人的方方面面，相关影响因素众多，为了解释、分析和预测这些行为或生活模式，学者们提出了诸如社会学、经济学、文化学等单一学科视角或融合多个学科视角的行为学模型[5,11]。这些行为学模型对能源消费行为及其影响因素进行了界定，对各类因素的影响机制、与行为的关联度做出了一定的理论解释和统计学分析，为理解人的行为的内在思想机制提供了较为完整的理论分析框架[12,13]。

2. 生理学及心理学领域的研究

人的行为也是生理学和心理学的重要研究对象。与社会经济学领域不同，生理学及心理学领域更侧重研究作为人类行为基础的生理和心理机制。其基本观点认为，行为是人体在生理和心理上受到刺激后作出的反应。这一领域的研究往往与工程应用领域相结合，其中较具代表性、与建筑用能直接相关的，是来自建筑环境学方面的研究。其研究目的是从人体的生理特点出发，了解热、声、光、空气质量等物理环境因素对人的舒适、健康的影响，了解人到底需要怎样的微环境[14]，从而为人工环境的营造和设计提供基本依据，同时也避免不必要的设备投入和能源消耗[15-18]。

对建筑环境学而言，其主要任务之一就是探明物理环境刺激和人体反应之间的规律性关系，包括：人体对冷、热、明、暗等的反应机理；在一定刺激下人会有怎样的感受；什么样的环境让人感到舒适；根据生理以及心理需要并且允许自由选择的话，人会选择怎样的环境以及通过怎样的方式（比如通过改变着装、扇扇子还是吹空调来保持凉爽）。通过观察和分析人的各种反应（包括感觉、行为等），就能够对人的舒适要求进行科学推测[14]。针对上述这些问题的研究，融合了生理学、心理学、工程学等多方面的成果和研究手段[19]，例如，从人体功能出发，用热生理学研究人体对冷和热的反应机理；借助心理学、物理学的观点和手段，用"感觉"（心理量）来描述人体对刺激（物理量）的反应，用等级标度对"感觉"这种主观定性描述进行量化区分（如 ASHRAE 七级热感觉标度），用问卷投票等方式获取受试者的反应（如 TSV、TCV）；通过大量实验观察和现场调研，研究在不同强度、不同种类的环境刺激下的人体反应，对有关物理参数对感觉的影响进行了测定；同时，通过实验数据分析和理论推导，建立了人体反应与环境刺激之间的定量关系，例如丹麦的 Fanger 教授于 1982 年提出的、描述人体在稳态热环境下的热舒适方程及综合热舒适指标（PMV-PPD 指标），其优点是能够全面考虑各有关物理参数及其耦合关系[18]。

3. 建筑能耗模拟领域的研究

如前所述，建筑能耗模拟领域也涉及人的行为。人的用能行为与气象数据一样，是建筑能耗模拟计算的边界条件和基本输入参数。为此必须对人的用能行为进行定量描述，不能只停留在日常定性表述的层面。其最终目的是定量分析和评估用能行为对建筑能耗及系统性能的影响，帮助建筑师、设备工程师等更准确地估计建筑能耗水平和评估节能技术方案。

与上述两大领域关注用能行为的成因或机制不同，建筑能耗模拟领域更关注人的行为对建筑系统产生的结果，只需要关心人的行为"是什么样"，而不用关心"为什么会这样"。因此，在该领域中，着重考察人的移动、动作等对建筑系统运行有直接作用的行为。人的移动决定了建筑房间中何时有人、有多少人、都是谁，人的动作则包括开关窗户、开关窗帘、开关灯、开关空调、开关电视电脑等，决定了房间人员如何控制、操作和使用房间里的各类设备。只要知道了这些行为的发生规律，就能利用模拟手段对其种种影响做出定量分析和评估。

模拟领域着重解决的问题，就是建立适当的定量模型来描述上述用能行为[20,21]。最常用的是固定作息方式，它从时间维度对用能行为进行间接描述，人的行为隐含在房间的人员、照明、设备、空调运行、通风次数等作息设置之中，并严格按照固定时间点发生。由于这种方式无法反映用能行为的随机性及其对环境的反馈，学者们针对建筑中人的移动和各项动作，分别提出了一系列改进模型。总的来说，模拟领域的用能行为模型与上述两大领域是相对独立的，较少涉及非数学物理参数（即社会、经济、生理、心理等因素）。这有两方面的原因：一是社会学及心理学等领域并未提供建筑模拟分析用的用能行为模型；二是直接从纯数理、外部角度对用能行为进行观测和描述，可以避免涉及复杂的用能行为机理，从而保证用能行为的可量化、可模拟。

4. 不同研究领域的侧重点

由以上介绍可知，与建筑节能相关的用能行为研究牵涉到诸多学科领域。不同学科领域研究目的和研究内容既有很大区别又有一定联系，存在部分交叉和耦合。如果我们把上述三类研究进行汇总梳理，可以发现它们实际是围绕用能行为的形成与作用过程来展开的。这个过程可以在控制论思想的基础上，用图 1.2-1 所示的框图关系进行简单表示。

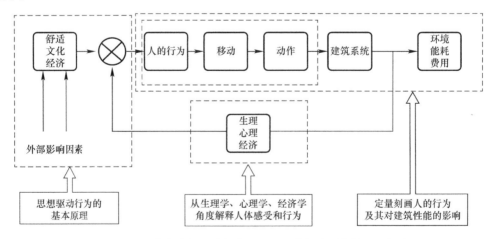

图 1.2-1　用能行为的形成与作用过程及其相关研究的边界划分

图 1.2-1 的基本含义是：人的行为可视为内在期望和外部刺激相互作用的结果。内在期望主要包括对于环境的舒适性期望、节能文化与节能意识、经济承受范围，这些期望又受到社会、文化等众多外部因素的影响。外部刺激主要来自建筑环境、能耗、运行费用等，这些因素通过生理、心理、经济学等机制对人的行为构成反馈作用。人的行为

就是在这些内部、外部复杂因素的共同影响下逐渐形成。而人的行为（主要是移动、动作）直接作用于建筑系统，对其运行产生影响，并最终决定了建筑环境、能耗、运行费用。

对照图 1.2-1，可以将上述三大领域的研究划分到其中的不同环节。例如：社会学及经济学领域重在研究人的各种期望如何形成，以及思想驱动行为的基本原理；生理学及心理学领域重在研究驱动用能行为的生理学及心理学机制，以及人对室内舒适健康环境的本质需求；而建筑能耗模拟领域的重点，在于定量刻画人的行为（确切的说，就是移动和动作）及其对建筑能耗的影响。对社会学及经济学、生理学及心理学等领域而言，人的行为是其输出；对建筑能耗模拟领域而言，人的行为是其输入。这样划分以后，就能够更加清晰地把握不同研究领域之间的区别与联系，明确各自的研究边界和研究重点。本书所介绍的建筑用能行为研究就是集中在建筑能耗模拟领域，围绕用能行为的影响因素、定量刻画方法、模拟应用等方面所开展的。

参考文献

［1］ Lutzenhiser L. Social and behavioral aspects of energy use ［J］. Annual Review of Energy and the Environment，1993，18：247-289.

［2］ Hargreaves T. The Social and Behavioural Aspects of Energy ［R］. Technical report，University of East Anglia，UKERC Summer School，2010.

［3］ Allcott H，Mullainathan S. Behavioral science and energy policy ［J］. Science，2010，327 （5970）：1204-1205.

［4］ Jain R K，Gulbinas R，Taylor J E，et al. Can social influence drive energy savings? Detecting the impact of social influence on the energy consumption behavior of networked users exposed to normative eco-feedback ［J］. Energy and Buildings，2013，66：119-127.

［5］ Van Raaij W F，Verhallen T M M. A behavioral model of residential energy use ［J］. Journal of Economic Psychology，1983，3 （1）：39-63.

［6］ Hirst E，Goeltz R，Carney J. Residential energy use：Analysis of disaggregate data ［J］. Energy Economics，1982，4 （2）：74-82.

［7］ Nederlandse B，Anderson D. Patterns of residential energy behavior ［J］. Journal of Economic Psychology，1983，4：85-106.

［8］ Yohanis Y，Mondol J，Wright A，et al. Real-life energy use in the UK：How occupancy and dwelling characteristics affect domestic electricity use ［J］. Energy and Buildings，2008，40 （6）：1053-1059.

［9］ Fong W，Matsumoto H，Lun Y，et al. Household energy consumption under different lifestyles ［C］. Proceedings of Clima 2007 WellBeing Indoors，2007.

［10］ Lutzenhiser L，Hu H，Moezzi M，et al. Lifestyles，buildings and technologies：What matters most? ［C］. ACEEE Summer Study on Energy Efficiency in Building，2012.

［11］ Lutzenhiser L. A cultural model of household energy consumption ［J］. Energy，1992，17 （1）：47-60.

［12］ Bohunovsky M E. Behavioural Aspects of Energy Consumption in Private Households：Participatory Approaches for Energy Conservation ［M］. Vienna University of Technology，2008.

[13] Schick S, Goodwin S. Residential Behavior Based Energy Efficiency Program Profiles. Technical report [R]. Bonneville Power Administration, Portland, OR, USA, 2011.

[14] 朱颖心. 建筑环境学（第三版）[M]. 北京：中国建筑工业出版社，2010.

[15] Sanders M S, McCormick E J. Human Factors in Engineering and Design [M]. 7th ed., McGraw-Hill Science/Engineering/Math，1993.

[16] Zagreus L. The Human Factors of Sustainable Building Design: Post Occupancy Evaluation of the Philip Merrill Environmental Center [R]. Technical report，2005.

[17] Gatersleben B, Steg L, Vlek C. Measurement and determinants of environmentally significant consumer behavior. [J]. Environment and Behavior，2002，34 (3)：335-362.

[18] Fanger P. Thermal Comfort: Analysis and Applications in Environmetal Engineering [M]. Robert E. Krieger Publishing Company，2008.

[19] Kantowitz B H, Roediger I H L, Elmes D G. Experimental Psychology [M]. Ninth ed., Cengage Learning，2008.

[20] Crawley D B, Lawrie L K, Winkelmann F C, et al. EnergyPlus: Creating a new-generation building energy simulation program [J]. Energy and Buildings，2001，33 (4)：319-331.

[21] Yan D, Xia J, Tang W, et al. DeST—An integrated building simulation toolkit Part I: Fundamentals [J]. Building Simulation，2008，1 (2)：95-110.

1.3 建筑用能行为的影响及应用

1.3.1 建筑用能行为的影响

近20年来，随着城市化率的提高、国民经济的快速发展、人民收入和生活水平的不断改善，我国建筑能耗增长迅速，建筑节能形势日益严峻。一大批建筑节能技术得到推广应用，建筑节能标准、节能政策也不断出台。然而，工程实践与理论研究发现，这些建筑节能工作所能取得的实际成效与建筑中人的行为密切相关，从而引起对用能行为研究的关注。那么，为什么必须在建筑节能的技术领域重视人的行为（而不只谈"行为节能"）？人的行为会有哪些方面的影响？以下将从建筑宏观能耗、微观能耗、建筑节能技术措施三个方面进行介绍。

1. 用能行为与宏观能耗差异

我国正处于城市化建设的快速发展期，建筑面积快速增加，居民的生活水平和对建筑舒适性的需求也不断提高，造成建筑能耗持续高速增长。据统计[1,2]，2010年我国建筑总能耗为6.77亿吨标煤，占全国总能耗的20.9%；从1996年到2010年，我国建筑总能耗增长近一倍，单位面积建筑能耗增长17%。如何缓解建筑能耗过快增长，已成为我国建筑节能工作者的艰巨任务和重大挑战。

然而，横向来看，如果将我国的建筑能耗水平与世界主要国家进行比较，如图1.3-1所示，则无论是单位面积能耗还是人均能耗，我国建筑能耗都显著低于目前发达国家的水平，即使是我国的城镇建筑单位面积能耗，也仅为世界主要发达国家的$1/2\sim1/3$[1]。这一对比数据表明，与发达国家相比，我国的建筑能耗仍处在相对较低的水平。

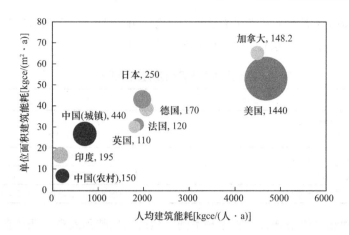

图 1.3-1 各国建筑运行能耗状况（2008 年）气泡面积：Mtce

数据来源：(1) D&R International，Ltd. 2010 Buildings Energy Data Book；(2) Eurostat；
(3) The Energy Data and Modeling Center，Handbook of Energy&Economic Statistics in Japan. 2011

无论是建筑设备系统的能效水平，还是围护结构的保温气密性水平，我国的节能技术水平都要低于发达国家，那么，是什么原因造成中外建筑能耗水平的巨大差距呢？是什么原因造成这一"高能效、高能耗，低能效、低能耗"的现象呢？

为进一步分析其中差别所在，张声远等对各国建筑能耗数据按住宅用热、住宅用电、公共建筑用电等用能项目进行了逐一深入比较分析[3,4]，得到的结论是：我国建筑单位面积能耗低的主要原因，是我国居民生活方式和建筑使用模式与发达国家有所不同。例如，在我国的住宅和一般公共建筑中，人们通常优先采用自然调节手段满足居住和使用要求，即按"被动优先、主动优化"的原则，空调照明等设备仅在必要的时候启用，往往是"有人时开、无人时关"；而发达国家的同类建筑，则主要依靠空调照明等机械手段满足建筑内部要求，这些系统往往在无人的时候也照常运行。而正是这些建筑中用能行为的差异，造成我国建筑能耗整体水平远低于发达国家。

从室内物理环境的营造和其他生活需求的满足途径等两个方面来看，我国与发达国家建筑使用方式的主要特点可归纳如下[1]：

（1）在营造室内物理环境的理念和方式上，我国居民主要体现的是一种"自然优先、适当改善"的文化理念和行为方式，而发达国家则主要体现出一种"机械优先、全面控制"的理念和方式。这两种营造理念与方式的差异见表 1.3-1。

营造室内物理环境的两种途径　　　　　　　　　　　表 1.3-1

	自然优先（我国）	机械优先（发达国家）
营造理念	1. 与自然环境相连； 2. 通过机械系统改善极端情况； 3. 可变化的室内环境	1. 全面机械控制； 2. 恒定室内环境参数
建筑和系统形式	1. 必须有可开启外窗； 2. 建筑适度保温； 3. 自然通风优先； 4. 分散式空调供暖系统	1. 建筑尽可能密闭； 2. 建筑尽可能保温； 3. 带有排风热回收的机械通风； 4. 集中式空调供暖系统
运行模式	部分时间、部分空间空调供暖和照明	全时间、全空间空调供暖和照明

（2）在其他生活需求及其满足方式上，与发达国家相比，我国居民保持了淋浴、自然晾干衣物、人工洗碗等传统文化特色，各类差异汇总见表 1.3-2。

其他生活需求及满足方式的差异　　　　　　　　　表 1.3-2

	我国	发达国家
洗澡	1. 次数较少； 2. 淋浴为主	1. 次数较多； 2. 盆浴较多（日本）
晾衣	在阳台等处自然晾干	烘干机（美国）
洗碗	人工清洗	洗碗机（美国）
坐垫	无或采用棉质坐垫	马桶座圈 24h 电加热（日本）

居民行为和建筑使用方式上的这些不同，最终也反映到宏观能耗数据的巨大差距之中。这是我国目前建筑能耗水平明显低于发达国家的根本原因，也使得我国的建筑节能工作面临与发达国家完全不同的基础状况。在研究、分析与预测建筑能耗宏观数据，探索、设计与规划我国的建筑节能技术路线时，需要更多关注人的行为，充分考虑和结合我国实际建筑中用能行为的典型特点，进而在提高室内环境品质的同时，避免大幅提高建筑能耗水平。

2. 用能行为与微观能耗差异

人的行为对建筑能耗造成的影响，不仅体现在各国的宏观能耗差异之中，也更多、更直接的体现在各个地区的微观案例研究之中，特别是具有个体自主性的住宅或办公建筑中。这种影响涵盖了空调、供暖、照明、电器等各类设备用能方面，在不同国家或地区，都普遍存在。下文列举了几个有代表性的例子，它们表明：建筑中人的行为表现的比"部分时间、部分空间"或"全时间、全空间"这种笼统概括的用能特点更为复杂，在同样的建筑系统形式与气象条件下，由于使用者行为的不同，会导致建筑用能水平的显著不同，其差异程度高达几倍甚至几十倍，它是造成建筑能耗巨大差别和不均衡分布的一个直接而重要的原因。

我国学者李兆坚在 2006 年和 2007 年对北京市住宅夏季空调运行能耗的实际调查中发现[5]，在采用分体空调或户式中央空调的 4 栋住宅楼中，不同住户的空调用电量差别巨大。

以 A 楼为例，各户空调耗电指标分布从近乎 0 到 14.2（kW·h）/m²，全楼平均值仅为 2.3（kW·h）/m²，最高值约为平均值的 6 倍（图 1.3-2（a））。对 B 楼同一单元相同户型 1～18 层住户空调能耗的调查（图 1.3-2（b））也表明，不同楼层的住户空调能耗高低能差几十倍。对 A 楼一些低能耗住户和高能耗住户的访问调查结果表明，他们的空调使用方式确实相差很大，有的用户基本不使用空调，开机时间很短，而有的用户却保持通宵开机、整个夏季不间断，并且为了保持室内空气新鲜，空调运行期间开窗通风。空调温度的设定值也各有不同。这些使得各住户空调能耗产生几十倍的巨大差异。这些住户的建筑户型、面积、朝向、围护结构热工状况、室内电器状况、室外气候等条件均基本相同，只是楼层位置不同，而这种能耗差异状况又远超过楼层位置带来的影响。换言之，在室外气候、围护结构等均相同的情况下，正是空调使用方式的差异导致了能耗的巨大差别。

A楼外形图　　　　　　　　　　　　　B楼外形图

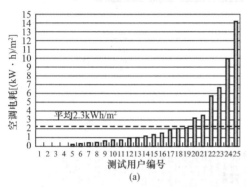

图 1.3-2　北京市调查结果

(a) A楼各户空调耗电量；(b) B楼相同户型1~18层住户空调耗电量

美国学者也有过类似调查[6]。他们对同一栋公寓楼内8家住户房间空调器的使用情况进行监测和访谈后发现，这些住户的空调使用行为及能耗水平存在明显差异，并归纳出三种模式：①恒温运行模式，住户一直开机、连续运行；②通断运行模式，住户在需要时开机，离开房间或睡觉时关机；③极少使用的通断模式，住户平时几乎不用空调，只在很热的情况下开启。图 1.3-3 给出测试期间三种模式下的空调运行状态曲线，可以看到这三种模式空调运行时数有显著差别。

美国学者 Morrow 等调查过美国一栋办公楼内同一楼层 58 间单人办公室的照明灯具使用情况（图 1.3-4）[7]。该办公楼的灯具带有可调光旋钮，可描述为"全开 On-full、关着 Off、使用调光 Dimmed"三种状态。图给出这些办公室灯具在上班时段的平均使用率。可以看到，不同房间的灯具使用存在极大差别，一些房间几乎没开过灯，而另一些房间则一直开着灯。在综合分析了办公室朝向、内外分区和办公事务类型的影响后，作者认为，办公室使用者对照明与遮阳设施的调节行为及偏好习惯是导致上述差别的一个重要因素。这使得各办公室的照明用电大不相同，也意味着需要有针对性地采用照明节能手段。

以上案例充分说明，建筑的运行状况及能耗与人的行为密切相关。特别是在系统形式灵活可控的情况下，由于生活作息、偏好习惯的不同，不同人员个体表现出的行为不同，能耗也大不相同。

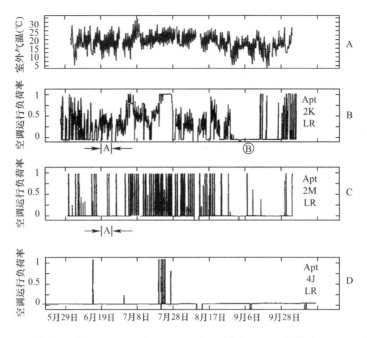

图 1.3-3　曲线 A-外温，空调运行状况：B-恒温模式、C-通断模式、D-极少使用

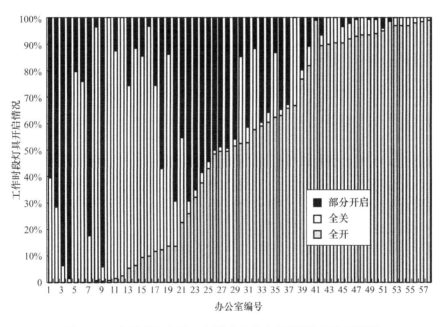

图 1.3-4　美国某办公楼 58 间单人办公室的照明灯具使用情况

　　因此，人的行为在建筑能耗研究中是一个不可忽视的重要因素。在相同的建筑系统形式和气候条件下，不同的人的行为和使用方式对应着不同的建筑用能水平。要准确分析和评估建筑能耗，就必须仔细考虑实际建筑的使用方式和人的行为。

3. 用能行为与建筑节能技术应用

　　选择怎样的技术措施，能在满足室内人员舒适需求的基础上实现节能，是建筑节能设计与技术评估等工程实践中所关心的一个重要问题。而人的行为不仅直接影响建筑用能水平，也影响到建筑节能技术措施的评估与选择。在评估一项建筑技术是否节能时，总要选择某种类型的用能行为或建筑使用模式，作为对比分析的参考依据。而基于不同的用能行为和建筑使用模式，往往得到不同甚至相反的结论。由于用能行为的差异性和多样性，一些"高能效、高性能、高技术"的建筑本体做法和设备系统形式并不一定表现出显著的"低能耗"，甚至还比不上常规普通建筑。因此从节能的角度来说，不同的用能行为和建筑使用模式需要不同的节能技术措施。

分体空调是目前我国住宅中应用最广的空调形式。以往多数学者认为分体空调不如中央空调节能，特别是对于我国常见的高层住宅楼，由于人口密度大、空调同时使用率高、负荷较为集中等特点，与分体空调相比，中央空调的能效更高、能耗更低，应作为城镇住宅空调的发展方向。然而，随后进行的实测结果表明，采用分体空调的住宅，能耗往往远低于采用中央空调的住宅。

图 1.3-5 给出北京市 5 座建造于不同年代、采用不同空调技术的住宅楼夏季空调用电量的调查结果[8]。可以看到，分体空调方式的能耗仅为中央空调的 1/10。造成分体空调能耗总体较低的主要原因，是绝大多数住户都采用"有人时开、无人时关，优先开窗通风降温"的空调运行方式[8,9]。而采用中央空调的建筑，为随时保证楼内不同住户的供冷需求，冷机水泵等设备在

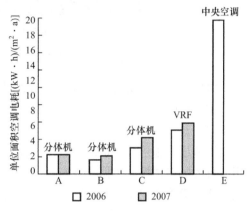

图 1.3-5　北京市 5 栋住宅楼夏季空调用电量指标

整个夏季需要 24h 连续运转，尽管采用了保温气密、新风全热回收、高能效冷机水泵和优化运行等多项节能措施，其实际用电量仍远高于分体空调方式。

我国的实际情况是，即使采用了中央空调系统的住宅楼，也往往是"部分时间、部分空间"的空调方式。以采用集中供冷的某高档住宅小区为例，该小区于 2009 年建成，住户末端采用风机盘管，系统夏季供冷的运行时间为上午 10：30～凌晨 3：00。根据对该小区居民的访谈和室温监测（图 1.3-6），这些住户基本都是人在哪个房间才开那个房间的空调（风机盘管），而且只有感觉到热的时候才会去开，当人离开房间时会随手关闭。在这种空调使用方式下，同时使用系数很小，系统容易长时间运行在低负荷率工况，实现节能运行的调节难度大，冷机高能效的优势与潜力往往难以发挥，水泵电耗也成为突出问题，最终导致运行能效低而能耗高的结果。从这样的空调使用方式出发，就当前的技术水平而言，分体空调由于具有使用灵活、无输配能耗的特点，相比集中空调可能更加节能，运行费用也更低。

然而，如果也像大部分美国住宅那样，采用全天 24h、"全时间、全空间"的空调运行方式，那么集中空调将有较为稳定的基础负荷和较高的部分负荷率，运行调节也不存在问题，显然分体空调再无任何优势可言，能效更高的集中空调会更节能。因此，住宅建筑采用分体空调还是中央空调更节能，实际上涉及居民的空调使用方式问题。

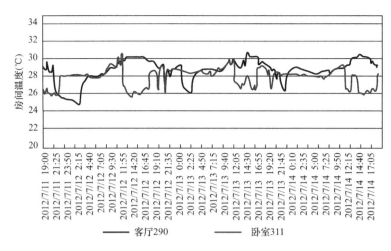

图 1.3-6 某集中供冷住宅小区住户室温与空调运行情况

由以上案例分析可见，人的行为和建筑使用模式对不同的建筑技术措施是否真的节能有重要影响：在不同的建筑使用模式下，不同技术措施的能耗水平与节能效果可能显著不同，在一种建筑使用模式下节能的技术，在另一种模式下却不一定节能。这样，在对建筑节能措施进行评估时，就不可能脱离实际的使用模式和人的行为方式。由于实际用能行为的多样性，类似于建筑应该"适应气候"，建筑也应该"适应人的行为"，不同建筑使用模式需要不同的节能技术措施与之匹配，才能在服务于人的同时，真正起到节能的作用。而要准确评估建筑节能技术措施，就必须仔细考虑实际建筑的使用模式和人的行为。只有以建筑物的真实使用模式作为参考基准，才能得到符合观测事实的技术评估结论，才有可能从根本上澄清和平息与用能行为有关的各类节能技术争议。

为此，迫切需要深入了解和准确刻画建筑中人的行为，并通过模拟手段定量分析其对建筑能耗水平与节能技术评估的影响。

1.3.2 建筑用能行为研究的应用及价值

用能行为是影响建筑能耗的重要因素，也是评估建筑节能技术措施的重要参考基准。不同人的行为导致不同用能水平，需要不同的节能技术措施与之相适应。为了定量评估人的行为的影响，只能通过建筑能耗模拟技术，进而解决以下几个方面的问题：

（1）能耗研究：在建筑能耗总量分析与情景预测，以及实际案例的能耗分析中，需要考察人的行为，才能给出能耗水平的清晰解释；

（2）设计评估：节能设计与节能评估，需要考虑人的行为，作为设计评估基准；

（3）节能标准：节能标准规范中，需要采用具有实际代表性的标准使用模式；

（4）节能政策：各类节能政策应该鼓励和支持与居民行为相匹配、有实际节能效果的技术措施。

特别是结合我国的实际情况，由于用能行为和建筑使用模式与发达国家存在巨大差异，所需要的节能技术、节能路线也可能极为不同。而目前我国的建筑节能设计标准、评估标准、节能分析方法等大多数都是以发达国家高能耗的使用模式和服务需求作为参考基准，其结果是，过于强调建筑围护结构和设备系统的"高能效"、而忽视了用能行为的影响，导致对适应这类行为的技术措施评价不足，所谓"高能效、先进技术"也往往不能形成真实的节能效果。从我国的节能实际出发，我们不仅需要维持目前这种能耗相对较低的建筑使用模式并改善室内环境服务水平，主要是"部分时间、部分空间"的室内环境控制、允许在一定范围内变化的室内热湿参数和尽可能的自然通风、自然采光，而且，既然倡导这样一种模式，那么设计标准、评估标准、节能分析方法等就都应围绕这样的使用模式和服务需求进行，在这种模式下具有节能效果的技术手段才是应提倡的技术手段，在这种模式下计算出来的节能效果才是真的可获得的节能效果[10]。为此，迫切需要建立一套符合我国居民行为特点的建筑使用模式参数，并以此为参考基准，改进和完善我国的建筑节能技术体系。从这个角度而言，用能行为研究对我国的建筑节能工作具有极其重大的现实意义。

要使得用能行为真正应用于各项建筑节能工作之中，就要求能够定量刻画人的行为及定量分析其对建筑性能的影响。然而，作为建筑性能分析评估的主要手段和基本工具，建筑能耗模拟技术在用能行为的处理方面目前基本上没有有效的方法，导致应用中出现诸多问题。由于用能行为是一类极为复杂的研究对象，目前已有的一些描述和模拟方式还无法刻画出用能行为的一些重要特征，尤其是难以反映我国居民行为的特点，已经日益不能满足工程应用的需求。因而必须在目前的模拟技术基础上，提出更为科学有效的用能行为描述方法，并发展相应的模拟手段定量分析用能行为的影响，以促进模拟技术在节能工作中发挥更大作用。这就需要对建筑中人的行为有更加深入而充分的认识，因此，用能行为研究不仅具有很高的应用价值，也具有十分重要的科学价值。

参考文献

[1]　清华大学建筑节能研究中心. 中国建筑节能年度发展研究报告 2009. 北京：中国建筑工业出版社，2009.

[2]　清华大学建筑节能研究中心. 中国建筑节能年度发展研究报告 2013. 北京：中国建筑工业出版社，2013.

[3]　张声远，杨秀，江亿. 我国建筑能源消耗现状及其比较 [J]. 中国能源，2008，7：37-42.

[4]　杨秀. 美国国家建筑能耗统计概况 [J]. 建筑科学，2010，4：8-11.

[5]　李兆坚，江亿，魏庆芃. 环境参数与空调行为对住宅空调能耗影响调查分析 [J]. 暖通空调，2007，37（8）：67-71.

[6]　Kempton W，Feuermann D，McGarity A. "I always turn it on super"：User decisions about when and how to operate room air conditioners [J]. Energy and Buildings，1992，18：177-191.

[7]　Morrow W，Rutledge B，Maniccia D，et al. High performance lighting controls in private offices：A field study of user behavior and preference [C]. Proceedings of World Workplace 98，1998.

[8]　李兆坚. 我国城镇住宅空调生命周期能耗和资源消耗研究 [D]. 北京：清华大学，2007.

[9]　简毅文. 住宅热性能评价方法的研究 [D]. 北京：清华大学，2003.

[10]　江亿，燕达. 什么是真正的建筑节能 [J]. 建设科技，2011，11：15-23.

2 建筑用能行为描述及模拟

本章围绕建筑用能行为的定量研究方法，主要介绍用能行为对建筑热湿环境及空调负荷的影响及计算方法；用能行为特征研究中人员移动、动作的定量描述；并以 DeST 为例介绍用能行为模拟计算的基本方法。

2.1 用能行为对建筑热湿环境及空调负荷的影响

2.1.1 用户行为对建筑热湿环境影响因素

近年来，随着人们对系统动态控制所带来的必要性的意识的提高，关于运行调节和系统优化的研究大幅增加，系统的运行调节方法对能耗的影响也正在逐步被了解。然而内部因素中，无论是直接能耗还是间接能耗，都由于人员或对设备、灯具等操作的高度复杂性和随机性造成了建筑能耗水平的差异性。充分考虑由于用能行为所引起的负荷扰量对建筑能耗的影响，并准确判断和掌握内部负荷扰量的变化规律，可以为建筑能源系统规划和设计过程创造科学支撑，对于实现建筑节能目标具有重要意义，同时对于进一步研究建筑室内热湿平衡机制提供理论基础。

对于空调季节，为了保持建筑物内的热湿环境，需要向房间提供一定的冷量或除去一定的湿量，其中单位时间内需要向房间提供的冷量为冷负荷，而单位时间内需要从房间去除的湿量为湿负荷。建筑冷负荷主要是由外扰负荷和内扰负荷组成。外扰负荷主要指由于室外气候条件和围护结构传热性能引起的负荷变化，而内扰负荷主要是由于人体、设备和照明等热源散热引起的负荷变化。研究表明，室内热源产生的冷负荷占总冷负荷的 45％[1]。由于使用者生活习惯、生理心理需求等方面的不同，使得建筑内部因素对建筑性能的影响交错复杂。以办公建筑中人员活动和用能行为为例，归纳出影响建筑冷负荷的内部因素，如图 2.1-1 所示。

下面分别针对图中所展示的每种影响因素进行说明：

（1）人员特征信息。包括性别、年龄、着装、工作性质等，其中，工作性质关系到工作人员的劳动强度和在室率。

（2）室内环境特征信息。室内环境是内外扰因素共同决定的，但设定值是由室内人员决定的，因此，室内环境设定值应该属于内扰的范畴，以室内温度和相对湿度为主。还有一些指标，如 CO_2 浓度和照度，其具体数值通常不是室内人员可以主动设定的，但人员会通过一定的动作或行为使其保持在舒适或可接受的范围内，如开窗通风，启闭遮阳等。

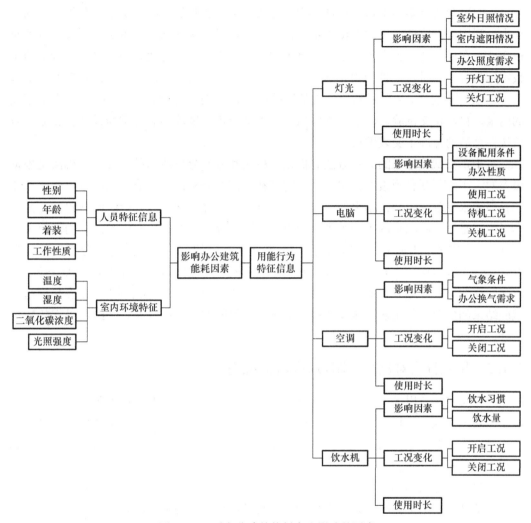

图 2.1-1 对办公建筑能耗产生影响的因素

（3）用能行为特征信息。对于办公建筑，主要的耗能设备有灯光、计算机、空调、饮水机、打印机等，影响用能行为的主要因素为设备自身使用性质和人员使用习惯。对于可以多人共用的设备，影响其使用的因素主要为该设备的使用人员特征和使用率，而对于私人设备，影响其使用的因素主要与该设备拥有者的使用习惯相关。特别的，对于灯光设备来说，影响其使用的因素包括室外日照情况、遮阳情况、照明控制方式和办公人员对自然采光和人工照明的使用需求及习惯等。对于空调系统来说，影响其使用的因素包括室外温度、风速、室内人员对换气次数的需求、开窗时间、人员工作位置和窗户的距离以及开窗习惯等。

2.1.2 用户行为对建筑空调负荷扰量影响

针对上述章节提出的对建筑能耗产生影响的主要内扰因素，如室内温度、人员密度、照明密度、设备功率密度、开窗程度等，可以采用正交试验方法分别获得它们对建筑冷负荷产生影响的显著性强度。

正交试验法是多因素析因设计的主要方法，正交试验的核心是基于一套规格化的正交表，利用数理统计的方法对试验结果进行处理，得到科学结论。正交表最大的特性是正交性，在任一列中各水平都出现，且出现的次数相等；任意两列中，将同一行的两个数字称为有序数对，每种数对出现的次数是相等的。一般正交表的表头记为 $L_n(m^k)$，其中 L 表示正交表，n 表示需要安排的试验次数，m 表示各因素的水平数，k 表示不同的因素。目前正交试验方法已普遍应用，且大部分正交试验不需要重新设计正交表，直接选择合适的标准正交表即可。

对于正交试验结果的分析方法有极差分析法和方差分析法两种，极差分析法是根据极差的大小来判断各因素的主次关系，它存在一定的局限性，不能准确区分由试验误差和各因素水平改变引起的结果的差异。方差分析法又称为变异数分析法或 F 检验，其基本思想就是把不同因素的不同水平完全组合再进行分析，即把所有因素的总的偏差平方和（ss）分成多个组成部分，自由度（v）也分为相应的部分，而且每部分都有其各自的含义，当各组均数之间的偏差大于同一组内不同个体之间偏差的几倍时，认为各组均数之间存在显著性差异，而这个倍数就是 F 值。方差分析法能把由因素水平变化引起的试验结果间的差异与由误差波动所引起的试验结果间的差异区分开，并给出可靠的数量估计。

2.1.3 用能行为对建筑空调负荷影响的描述

马克思主义"以人文本"的哲学思想，一方面是以人为中心、以人为根本；另一方面是一切为了人、一切依靠人。这一思想既体现了人在社会发展中的主体作用，又体现了立足于人、服务于人的价值取向，同时它还为分析、思考和解决一切与人相关的问题提供了一种思维方式。

将这种"以人为本"的哲学思想引入到建筑性能设计分析中时，在满足人员对工作、生活环境需求的同时，还可以保护其不受外界恶劣环境的影响，为工作生活提供合理化的配套服务，也正是室内人员在工作生活中所产生的对设备和照明灯具的需求将这些内扰因素联系在一起[2]。然而，室内传热传质和散热散湿等过程均会造成室内环境的波动，从而产生室内热湿负荷[3]。为了维持室内热湿环境平衡，需要采取措施消除负荷来满足人员需求，从而体现出"以人为本"思想。

与外部因素产生的负荷不同，内部因素产生的负荷在很大程度上取决于室内人员，由人员引起的散热量包括人员自身散热、人员对照明、设备等的需求而产生的散热量。在某一时刻由于室内人员干扰形成的建筑内负荷的描写见公式（2.1-1）。

$$Q_0 = f_0(R_{beh}, L_{ctrl}, E_{ctrl}, O_{ctrl}) \qquad (2.1\text{-}1)$$

式中　R_{beh}——人员行为模式；

$\quad\quad L_{ctrl}$——照明使用模式；

$\quad\quad E_{ctrl}$——设备使用模式；

$\quad\quad O_{ctrl}$——外窗控制模式。

加入时间变量后，内扰因素对建筑负荷的影响便与室内人员的时空变化相关联，这时室内人员干扰对建筑内负荷产生影响的数学描写见公式（2.1-2）。

$$Q_t = f_t(R_{beh}, L_{ctrl}, E_{ctrl}, O_{ctrl}) \tag{2.1-2}$$

然而，人员、照明和设备等内扰因素既不是并列的也不是孤立的，无论在设计还是运行中，都不应将其分开来看待。下面分别对每种内扰因素由于人员的干扰行为对建筑负荷产生的影响进行定性描述。

（1）人员自身散热量

人员负荷主要与室内人员的物理特性有关，个体散热量的定义式见公式（2.1-3）。

$$Q_{occ} = f_1(Age, Sex, Labour, Attendance, Clothing) \tag{2.1-3}$$

式中　Age——年龄；

Sex——性别；

$Labour$——劳动强度；

$Attendance$——在室率；

$Clothing$——着装。

（2）照明灯具产生的散热量

照明负荷既受到室内人员对照明本身的需求和喜好等主观因素的影响，也与室内外光照强度、不同房间或区域使用功能的照度要求以及灯具本身特性参数等客观因素相关。然而，照明灯具的控制主要是由室内人员来完成的，且受人员行为模式影响较大，因此主观因素是造成建筑内部照明负荷变化的主要原因。本书暂不考虑遮阳使用情况对照明负荷变化的影响，灯具所产生的散热量的定义见公式（2.1-4）。

$$Q_{lig} = f_2(Lux_{work}) = g(Lux_s, Sun_{state}, D_{work}, Sh_{state}, N_{light}, P_{light}) \tag{2.1-4}$$

式中　Lux_{work}——工作位置照度，lux；

Lux_s——未采用人工照明的工作位置照度，lux；

Sun_{state}——室外日照情况；

D_{work}——工作位置与窗口的距离，m；

Sh_{state}——遮阳使用情况；

N_{light}——灯具使用数量，个；

P_{light}——灯具功率，W。

（3）设备产生的散热量

与照明负荷相似，设备负荷变化主要受室内人员使用需求和工作生活习惯等主观因素的影响。设备散热量的定义见公式（2.1-5）。

$$Q_{equ} = f_3(C_{equ}, I_{equ}) \tag{2.1-5}$$

式中　C_{equ}——共用设备；

I_{equ}——个人设备。

对于多人共用的设备，散热量的定义见公式（2.1-6）。

$$C_{equ} = h_1(U_{fre}, P_{oper}, P_{stdby}) \tag{2.1-6}$$

式中　U_{fre}——使用频率；

P_{oper}——使用功率，W；

P_{stdby}——待机功率，W。

对于私人设备，散热量的定义见公式（2.1-7）。

$$I_{equ} = h_2(A_{rate}, P_{oper}, P_{stdby}) \tag{2.1-7}$$

式中　A_{rate}——上座率，$A_{rate} = \dfrac{N}{N_{full}}$；

　　　N——在位人数（短暂离室时间不计，超过 3h 的外出算作离开房间）；

　　　N_{full}——满座人数。

（4）外窗控制产生的热量

外窗负荷主要与室内外状态、外窗控制状态等有关，外窗控制所产生的散热量的定义见公式（2.1-8）。

$$Q_4 = f_4(W_{state}, V_{air}, T_o, T_i) \tag{2.1-8}$$

式中　W_{state}——外窗状态；

　　　V_{air}——通风量，m^3/h；

　　　T_o——室外温度，℃；

　　　T_i——室内温度，℃。

开窗时所产生的散热量计算方法见公式（2.1-9）。

$$Q_4 = V_{air} \times (h_{out} - h_{in}) \tag{2.1-9}$$

式中　h_{out}——室外空气的焓，J/kg；

　　　h_{in}——室内空气的焓，J/kg。

窗户不开启时散热量 $Q_4 = 0$。

特别的，对于组织通风所产生的新风负荷，通风量与人员对基本需求直接相关，但同时组织通风的开启又直接受室内人员的意愿支配，一般是根据单人所需的最小新风量及室内人数来确定。

本书提出了对建筑负荷产生影响的不同内扰因素的定性描写，若要得到定量的数学描写，还需要进一步结合具体实际情况，包括人员在室情况、用能行为规律和外窗控制规律等。

参考文献

[1] Ding Y，Wang Z，Feng W，et al. Influence of occupancy-oriented interior cooling load on building cooling load design [J]. Applied Thermal Engineering，2016，96：411-420.

[2] 王朝霞. 办公建筑内部负荷扰量的特性分析与能耗预测 [D]. 天津：天津大学，2014.

[3] 朱颖心. 建筑环境学 [M]. 北京：中国建筑工业出版社，2008.

2.2　建筑用能行为的定量刻画方法

由于建筑中用能行为的多重复杂特征，如随机性和不确定性、对环境刺激的反馈性、多样性与差异性等，导致用能行为在定量描述上遇到了巨大的困难和挑战。从工程实用角度出发，就必须采取一定的简化手段，即要求用能行为模型或描述方法既要在一定程度上刻画和反映出这些真实特征，以保证建筑能耗模拟结果的精度，又要适当简化，降低复杂度，使得模型能够容易和方便地应用于建筑模拟计算以及用能行为调研分析。

基于这种原则，目前在建筑模拟领域中已有不少针对人员移动和动作的模型。除了前面提到的最为常用的固定作息方法外，还有针对其不足而提出的随机过程模型、阈值模型、统计回归模型等一系列改进模型。但总体而言，这些模型描述方法都或多或少存在缺陷，无法全面包容用能行为的以上多重特征，或者无法兼顾模型的精确性和简单实用性。

结合工程应用需求、研究边界、用能行为特征，以及吸收借鉴现有模型描述方法的基础上，目前建筑用能行为模拟领域较为主流的做法是将用能行为分为移动和动作两类对象，分别研究[1]。对这两类行为对象的描述，遵循以下基本原则：①从"行为效应"上对移动和动作进行定义；②都是基于个体的描述，是直接描述"人"而不是其他；③将人员个体行为的日常表述转化为相应的数学物理描述；④通过模式及其特征参数对用能行为进行描述和区分；⑤将人的行为（移动和动作模型）与建筑能耗模拟软件集成起来，进行联合模拟。这样，在定义或设置好人员移动和动作特征之后，就可以模拟追踪人员个体在建筑中的运动，以及他对所处房间内设备对象的控制和作用，最终评估用能行为对建筑性能的影响。

2.2.1 人员移动的基本描述形式

由于建筑能耗模拟中主要关心人员所在的房间，人在建筑中的位置可用房间编号表示。人在建筑中的移动，则可用其所在房间位置的变化进行定义，如式（2.2-1）和图 2.2-1 所示。如果把建筑物内所有房间和外界一并考虑进来，人的移动范围就构成一个封闭拓扑网络[2,3]。

$$人的移动 \underline{\underline{def}} 人所在房间位置的变化 \qquad (2.2-1)$$

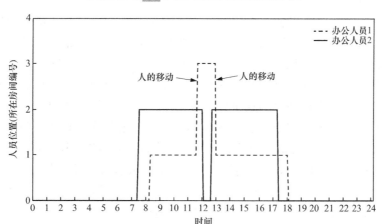

图 2.2-1　基于房间位置变化的人员移动定义

我们用马尔可夫链（Markov Chain，以下简称马氏链）来描述人员个体的随机移动过程。所谓马氏链，其实是找出一类随机过程，它随时间的演化可以描述成如下的形式：时间 T 以后的过程的行为并不由 T 以前的所有时间所决定，而仅仅是依赖于过程在时刻

T 的值。这与描述粒子在经典物理中的运动很相似，时刻 T 以后的粒子行为，只是由它现在的位置（坐标）和在时刻 τ 的速度所决定。如果时间是离散的（$T=0，1，2，\cdots$），则该过程就表现为：过程状态是一步一步的改变，组成一个序列，这里每一步都只由前一步状态所决定，驱动 T 时刻状态变化的是转移概率（对于离散过程，是转移概率矩阵；对于连续过程，是转移速率矩阵）。这就是马氏链的基本概念[4]。

我们将人员各个时刻的位置作为马氏链中的随机状态变量 $X(T)$。假设建筑中全部房间的数量为 $n+1$（包含外界），那么马氏链的转移概率矩阵 $\boldsymbol{P}_T$ 可表示为：

$$\boldsymbol{P}_T = (p_{ij})_{(n+1)\times(n+1)} = \begin{bmatrix} p_{00} & p_{01} & p_{02} & \cdots & p_{0n} \\ p_{10} & p_{11} & p_{12} & \cdots & p_{1n} \\ p_{20} & p_{21} & p_{22} & \cdots & p_{2n} \\ \vdots & \vdots & \vdots & \ddots & \vdots \\ p_{n0} & p_{n1} & p_{n2} & \cdots & p_{nn} \end{bmatrix} \tag{2.2-2}$$

矩阵中的每个元素 $P_{ij}(T) = P\{X_{T+1}=j \mid X_T=i\}$，表示人员在时刻 T 处于位置 i 时，在时刻 $T+1$ 处于位置 j 的概率，亦即人员在时刻 T 从子空间 i 出发，下一时刻移动到子空间 j 的概率。

人员的移动过程将由初始状态和转移概率矩阵 $\boldsymbol{P}_T$ 唯一决定。已知人员当前时刻的位置及转移矩阵 $\boldsymbol{P}_T$，就能依概率预测人员下一时刻的位置，如式（2.2-3）所示。

$$X(T) \xrightarrow{\boldsymbol{P}_T} X(T+1)$$

$$X(T)=i \xrightarrow{\boldsymbol{P}_{ij}} X(T+1)=j \tag{2.2-3}$$

采用马氏链的最大好处在于，它能刻画出人员位置和房间人数在时间上的自相关性，同时也保证了建筑内外各空间在人数上的互相关性（即总人数守恒），从而更为合理有效地反映出室内人员作息随机变化但又紧密关联的真实情况。

采用马氏链方法要解决的关键问题是，如何确定其中高阶、时变的转移矩阵元素 P_T 呢？为此，我们提出了"事件"机制。所谓移动事件，是指在特定时间段发生、有着特定位置变化的移动现象。移动事件与日常活动是相互关联的：移动事件根据日常活动进行定义，总对应于某项日常活动，以办公建筑为例，与日常上下班活动相对应，分别定义上班、下班两个移动事件。移动事件具有日常活动的一般特点，区别在于移动事件只考虑日常活动所伴随的移动效应、考察它们所关联的人员位置变化。与实际人员作息中包含多个日常活动类似，一个完整的人员移动过程需要由一系列移动事件进行刻画，在不同的时段发生不同的事件，从而对人员移动过程产生持续影响。通过适当的数学处理手段，我们可以为每个移动事件提炼出若干特征参数，并建立它们与转移概率之间的数学联系（图 2.2-2）。后面我们将看到，这些参数具有简洁、直观等良好性质。

移动事件的集合就代表了不同类型的人员移动模式。通过移动事件的集合以及移动事件的特征参数，我们可以对建筑中的人员移动行为进行定量描述。例如，可以针对办公建筑和住宅建筑定义出不同的事件集合或移动模式；对于办公建筑不同职业类型的人员，如行政人员、研发人员、销售人员等，其日常移动特点具有显著差异，也可以根据事件集合及其特征参数进行定义和区分。

上述人员移动的基本思路可以用图 2.2-3 表示。这种基于事件和马氏链的模型形式很容易转化为模拟程序，而且由于参数简单，便于调研和设置。通过人员移动模拟，就可以追踪人员在建筑中的运动，解决房间有没有人、有多少人、都是谁等基本问题，它是研究人在房间内如何动作的基础。

图 2.2-2 移动事件与转移矩阵的基本关系   图 2.2-3 人员移动模型的基本思想

2.2.2 人员动作的基本描述形式

从行为效果来看，人的动作最终都体现在房间设备对象的状态变化上，并与之一一对应。据此，我们可以基于相关控制对象的状态变化对人员动作进行专门定义[5-7]，如式（2.2-4）和图 2.2-4 所示。以灯为例，在多数情况下，灯有两种状态，"开启状态"或"关闭状态"，就对应于两个动作："开灯"（灯从关着到开着的状态变化）和"关灯"（灯从开着到关着的状态变化）。这两个动作跟我们实际日常生活的概念是完全一致的。

$$人的动作 \underline{def} 对象状态的变化 \qquad (2.2\text{-}4)$$

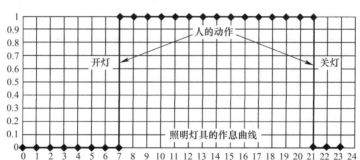

图 2.2-4 基于对象状态变化的人员动作定义

在本书中，我们主要考察以下几种动作，如表 2.2-1 所示。从动作的定义来看，对于同一控制对象，开动作和关动作也是分别定义、相互独立的两项行为。如果将控制对象有关的动作一一描述清楚，就能形成人员控制行为的一个完整描述。例如，将开灯动作和关灯动作组合起来，就构成照明控制行为的一个完整描述。因此，对人员单个动作的描述就成为用能行为描述中的核心基本问题。

设备对象与人员动作的映射表   表 2.2-1

设备对象	运行状态（值）	状态的变化	控制动作
窗户	开着/关着	关着→开着	开窗户
		开着→关着	关窗户

设备对象	运行状态（值）	状态的变化	控制动作
窗帘	开着/关着	关着→开着	拉开窗帘
		开着→关着	合上窗帘
空调	开着/关着	关着→开着	开空调
		开着→关着	关空调
	设定温度	设定值变化	调设定值
	风机挡速	挡速变化	调风机挡速
灯	开着/关着	关着→开着	开灯
		开着→关着	关灯
电脑	开着/关着	关着→开着	开电脑
		开着→关着	关电脑

在建筑模拟领域，主要关心的是时间和环境等物理因素对人员动作的影响，因此在动作模型中，我们只考察动作发生与时间或环境等因素的关联性，如表 2.2-2 所示。

控制动作的基本类型及相关因素   表 2.2-2

类型	特点	相关因素	例子
环境相关	动作发生在某些特定环境条件下，是对环境信号的响应和反馈	室内温度、湿度、照度、CO_2浓度、太阳直射强度、室外温度、噪声等	暗了开灯、热了开空调等
时间相关	动作发生在进出门的时刻、上下班的时刻、起床或睡觉时等	进出门时刻、上下班时刻、起床或睡觉时刻等	下班时关灯和关空调等
随机相关	动作的发生与时间和环境没有明显的关系，可以认为是完全随机的	随机因素	看电视等

由于人的行为具有很强的随机性和不确定性，我们用概率函数来描述任一控制动作发生情况与各类影响因素之间的相关关系，其基本形式为：

$$P_T(\text{对象状态的变化} A) = F(\text{系统状态} S_T) \qquad (2.2\text{-}5)$$

式中 P_T——T 时刻动作 A 发生的概率；

S_T——T 时刻人员所身处的系统状态，描述各类影响因素当前的存在状况，包括：①设备对象状态：对象在动作（可能）发生之前所处的运行状态，例如灯的开关状态；②房间人员状态：包括是否刚刚进屋或准备离开、有没有其他人、有多少人等；③环境状态：室内外环境参数，例如室内温度、照度、CO_2浓度等；④房间中其他设备对象所处的状态等；

F——概率函数；泛函 F：$S_T \to P_T$，描述动作 A 发生概率与各类影响因素之间的数量映射关系；如果已知 F 的具体形式，根据 T 时刻的系统状态 S_T 可以计算概率 P_T，就能依概率确定该时刻下动作 A 是否发生，因此，通过 F 可以完全描述一个控制动作的发生规律。

由于一个动作往往与多个影响因素有关，这些因素的作用并不等同，而且相互之间还可能存在复杂的耦合关系，想要直接而笼统地给出一般性的 F 形式来计算 P_T 是非常困难的。通常所采用的对策是设法将概率 P_T 转化为若干条件概率进行计算。

设备时刻系统状态 S_T 所构成的集合为 S，$S_1, S_2, \cdots, S_n$ 是集合 S 的一个划分，根据概率统计理论中的全概率公式，有：

$$P_\tau(A) = P(A|S_1)P_\tau(S_1) + P(A|S_2)P_\tau(S_2) + \cdots + P(A|S_n)P_\tau(S_n) \quad (2.2\text{-}6)$$

对于任意时刻 T，S_1，S_2，$\cdots$，S_n 中必有一个且仅有一个发生。因此可以得到：

$$F : S_\tau \rightarrow P_\tau(A) = \begin{cases} P(A|S_1) & if S_1 \\ P(A|S_2) & if S_2 \\ \vdots & \vdots \\ P(A|S_n) & if S_n \end{cases} \quad (2.2\text{-}7)$$

从式（2.2-7）的分段函数形式上看，动作是在若干特定条件 S_1，S_2，$\cdots$，S_n 下依概率 $P(A|S_i)$ 触发的，而人员动作模型就是给出人在什么条件（即什么时候、何种环境状况）下，以什么概率发生这个动作。这与日常生活中对动作发生情形的直观理解是完全一致的。

最终，确定 F 形式的问题就转化为：如何将系统状态集合 S 划分为不同的子集 S_i；如何给出相应的条件概率表达式 $P(A|S_i)$。而对任意一个动作的描述，就变为：对于选定的影响因素（自变量），我们去寻找和建立这样一个划分，同时计算各自的条件概率。对于触发条件的划分 S_1，S_2，$\cdots$，S_n，要求"不重复、不遗漏"，从而保证描述上的完备性。而各个触发概率 $P(A|S_1)$，$P(A|S_2)$，$\cdots$，$P(A|S_n)$ 的计算是相互独立的，可以分别开展研究。

按照这种标准形式，环境反馈触发、特殊时刻触发、多因素共同影响等情形，都可以很好地得到表示，而且较为直观、易于理解和调研。通过触发条件的划分与组合，可以描述不同的动作模式。用能行为的多样性和差异性则根据模式的不同、模式参数的不同来体现。另外，这种形式还具有很好的可扩展性，可根据需要添加新的动作模式。

上述描述人员动作的基本思路可以用图 2.2-5 表示。按照这种规则建立的人员动作模型，很容易嵌入到建筑能耗模拟软件中，通过人员动作与建筑环境之间的耦合模拟，就可以再现人在房间内的动作过程，并一步一步输出室内环境状态、设备运行状态、逐时耗冷耗热量等结果。

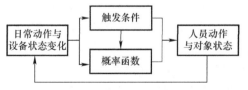

图 2.2-5　人员动作模型的基本思想

参考文献

［1］ 王闯. 有关建筑用能的人行为模拟研究［D］. 北京：清华大学，2014.

［2］ Wang C，Yan D，Jiang Y. A novel approach for building occupancy simulation［J］. Building Simulation，2011，4（2）：149-167.

［3］ 王闯，燕达，丰晓航，等. 基于马氏链与事件的室内人员移动模型［J］. 建筑科学，2015，31（10）：188-198.

［4］ Ross S. Stochastic processes. 2nd ed［M］. John Wiley & Sons，Inc.，1996.

［5］ Ren X，Yan D，Wang C. Air-conditioning usage conditional probability model for residential buildings［J］. Building & Environment，2014，81（7）：172-182.

［6］ 王闯，燕达，孙红三，等. 室内环境控制相关的人员动作描述方法［J］. 建筑科学，2015，31（10）：199-211.

[7] Wang C, Yan D, Sun H S, et al. A generalized probabilistic formula relating occupant behavior to environmental conditions [J]. Building and Environment, 2016, 95: 53-62.

2.3 建筑用能行为的模拟方法

根据 2.2 节所提出的人员移动模型及动作模型[1-5]，很容易建立一套标准统一的人员位移和动作数值模拟方法，逐时模拟和预测人员所在的房间位置以及室内各类设备对象（包括照明、空调、供暖、窗户、窗帘、电器设备等）的运行状态和能耗状况，进而定量分析用能行为对建筑性能与节能技术评估的影响。国内外几个主要的建筑能耗模拟软件中已经初步实现对人的行为的模拟，包括国内的 DeST[6]、美国的 EnergyPlus[7,8] 等。本书以 DeST 为例介绍用能行为模拟计算的基本方法。

2.3.1 基于 DeST 的用能行为模拟计算方法概述

建筑室内用能行为是影响建筑能耗的重要因素。用能行为的移动及动作能够通过各种形式影响建筑能耗，各人之间的用能行为差异很大，不同的人在房间中对设备的调节有所差别，由此造成能耗的差别；此外，某些能耗设备通过人员传感器实时控制，例如安装在房间内的灯光可根据室内是否有人确定灯光的开关状态；另外，某些系统基于需求进行调节控制，房间中的人数导致需求量的不同，例如机械通风系统需要根据室内人数调节送风量以维持室内空气品质。

在目前的建筑能耗模拟中，房间内人员数量的变化通常采用固定作息方式来描述，作息数值为 0～1 之间，其中 0 代表房间无人，1 代表房间达到最大人数。通过定义几种典型作息并加以组合，来描述房间内的人数变化情况。但事实上，建筑内人数是随机变化的，和这种固定作息之间不可避免地存在差异，这种差异将对建筑能耗的计算产生影响。

为了避免在能耗模拟中因为人员差异造成建筑能耗的过高或者过低估计，更加准确地描述人员在建筑中的移动，清华大学建筑节能研究中心建筑用能行为研究组，基于清华大学的建筑能耗模拟分析工具 DeST 软件平台开发了用能行为模块。

其人员位移计算是基于随机模型，用于模拟建筑中人员在各房间之间的移动，人员动作计算采用了一套条件触发的控制动作随机模型，计算出每个时刻人员操控设备的概率，进而模拟计算出基于用能行为影响的建筑负荷及能耗。

建筑设备的控制动作包括：开窗、关窗，开窗帘、关窗帘，开灯、关灯，开电脑、关电脑，开空调、关空调、调节设定值等。凡是与房间设备对象的状态变化有关的动作，都需要描述其动作模型及相关的能耗分析。

建筑用能行为模拟软件的基本架构可以统一用图 2.3-1 表示。它适用于以上提到的人员移动及各类动作，以及各种不同的动作模式。

2.3.2 DeST 用能行为模拟计算介绍

在 DeST 中进行用能行为模拟计算，需要遵照"建筑建模—用能行为参数设定—计算输出"三个步骤，以下结合软件图形界面加以介绍。

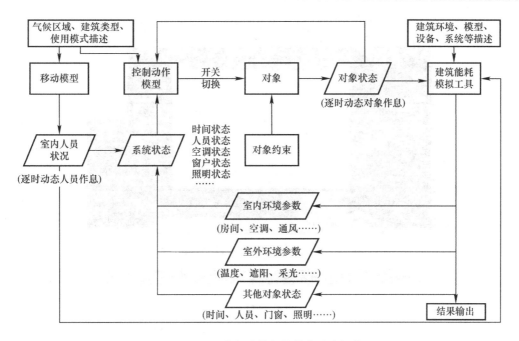

图 2.3-1　用能行为模拟软件的基本架构

1. 建筑建模

首先在 DeST 软件中创建建筑模型，并完成相关热工参数设置，包括门、窗、通风等，如图 2.3-2 所示。

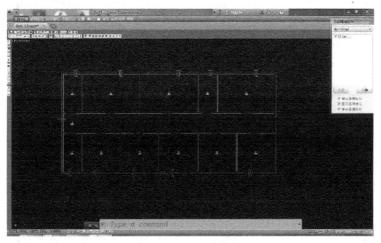

图 2.3-2　DeST 建筑模型示意图

2. 用能行为参数设定

然后在 DeST 软件界面中，键入"Behavior"命令，弹出"用能行为模块"窗口（图 2.3-3）。

此窗口左上角显示了全部房间列表，可通过创建房间组来限定人员移动范围。例如，在"房间列表"中选择所有房间，点击"组添加"，产生房间组 Group 1，将所有房间添加到 Group 1 中，如图 2.3-4 所示，这意味着人员可移动到任意房间。

然后，按照各个房间设定人员数量，分别在各个房间中添加人员，如图 2.3-5 所示。

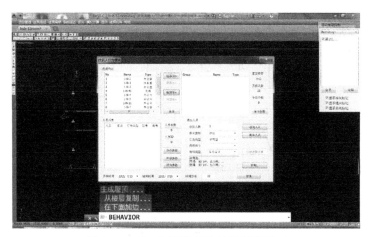

图 2.3-3 DeST 用能行为计算模块界面

图 2.3-4 房间组添加

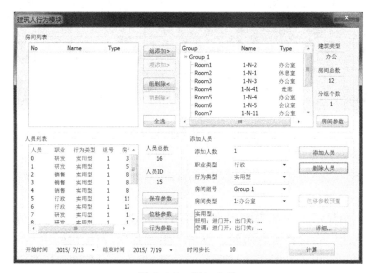

图 2.3-5 添加人员

点击"位移参数",弹出如下对话框（图 2.3-6），可以设置人员移动事件和停留参数。

图 2.3-6 人员移动参数框

点击"位移参数",弹出如下对话框（图 2.3-7），可以设置人员照明、窗户、空调、供暖等各项行为参数。

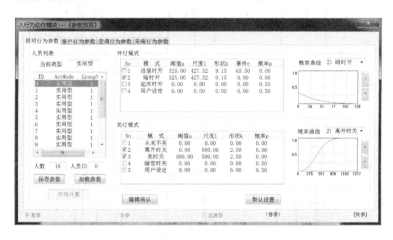

图 2.3-7 人员动作参数框

3. 计算输出

设定完以上参数后,点击"计算",将依次执行人员移动、动作行为的模拟计算。等待计算完成后,模型所在目录下出现每个房间的 csv 文件,这些 csv 文件包含的信息有各人员逐时所处房间、各房间和建筑中的逐时人数、各房间的室内环境和设备运状态（例如室内照度、灯具开启状态、照明能耗等）,如图 2.3-8～图 2.3-12所示。

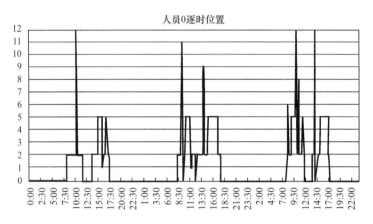

图 2.3-8　某人员的逐时位置

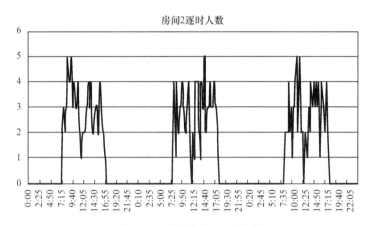

图 2.3-9　某房间的逐时人数

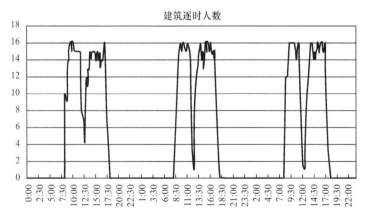

图 2.3-10　建筑的逐时总人数

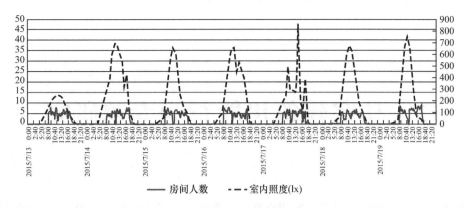

图 2.3-11　夏季—自然状况下室内照度

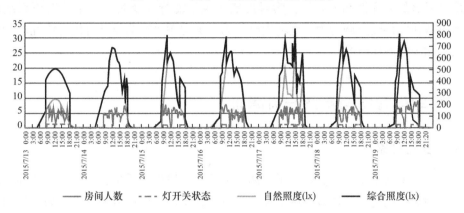

图 2.3-12　夏季—照明开关模式及计算结果

参考文献

[1] 王闯. 有关建筑用能的人行为模拟研究 [D]. 北京：清华大学，2014.

[2] Wang C，Yan D，Jiang Y. A novel approach for building occupancy simulation [J]. Building Simulation，2011，4 (2)：149-167.

[3] 王闯，燕达，丰晓航，等. 基于马氏链与事件的室内人员移动模型 [J]. 建筑科学，2015，31 (10)：188-198.

[4] 王闯，燕达，孙红三，等. 室内环境控制相关的人员动作描述方法 [J]. 建筑科学，2015，31 (10)：199-211.

[5] Wang C，Yan D，Sun H S，et al. A generalized probabilistic formula relating occupant behavior to environmental conditions [J]. Building and Environment，2016，95：53-62.

[6] 孙红三，洪天真，王闯，等. 建筑用能人行为模型的 XML 描述方法研究 [J]. 建筑科学，2015，31 (10)：71-78.

[7] Chen Y X，Hong T Z，Luo X. An agent-based stochastic Occupancy Simulator [J]. Building Simulation，2018，11：37-49.

[8] LBNL. Occupancy Simulator and Behaviors Research. http：// occupancysimulator. lbl. gov，http：// behavior. lbl. gov.

3 住宅建筑用能行为专题研究

住宅建筑的供暖空调设备、家用电器以及生活用水设施使用行为及相应的用能结果呈现出更显著的多样性和复杂性。为对住宅建筑用能行为及其能耗影响有更系统的认识，本章从住宅供暖空调行为、生活用电行为、家庭用水行为及其对住宅能耗的影响等方面展开相关的专题研究。

3.1 住宅供暖空调用能行为调研

3.1.1 研究对象

随着居民生活水平的提高，供暖空调成为提高居民生活质量、改善室内热环境的刚性需求，因此住宅建筑的供暖空调能耗在其总能耗中的比例也越来越大。如何控制住宅建筑供暖空调能耗的增长，甚至降低其能耗，对我国建筑节能具有重要意义。全面掌握我国不同气候区划下的城市住宅建筑供暖空调用能模式，将为不同气候条件下住宅建筑供暖空调节能研究积累基础数据，具有重要意义。鉴于此，在我国严寒地区、寒冷地区、夏热冬冷地区、温暖地区、夏热冬暖地区5大建筑气候区划内，分别选取了哈尔滨、乌鲁木齐、北京、西安、上海、重庆、长沙、昆明、香港等城市，对其冬夏两季住宅供暖空调使用情况及能耗进行了大规模问卷调查[1]。

3.1.2 研究方法

表3.1-1及表3.1-2分别列出了冬夏两季各城市住宅建筑调查样本数。调查内容主要包括各住户拥有的空调数量、空调类型以及冬夏两季典型日空调的逐时使用情况等[1]。

各城市住宅建筑夏季用能调查[1]   表 3.1-1

建筑气候区划	编号	城市	调查住户数	有效样本数
严寒地区	1	哈尔滨	107	101
	2	乌鲁木齐	94	94
寒冷地区	3	北京	101	90
夏热冬冷地区	4	上海	100	100
	5	长沙	100	95
温暖地区	6	昆明	101	101
夏热冬暖地区	7	香港	132	122

各城市住宅建筑冬季用能调查[1]   表 3.1-2

建筑气候区划	编号	城市	调查住户数	有效样本数
严寒地区	1	乌鲁木齐	100	98
寒冷地区	2	西安	100	94
夏热冬冷地区	3	重庆	97	94
	4	长沙	100	94
温暖地区	5	昆明	101	100
夏热冬暖地区	6	香港	137	103

3.1.3 研究结果

1. 夏季空调设备的使用情况

图 3.1-1 列出了各城市住户夏季使用的空调类型，由于使用中央空调系统的住户非常少，因此将其归入"其他"类型。昆明及乌鲁木齐夏季温度适宜，拥有空调的住户数非常少；哈尔滨次之，北京、上海、长沙和香港的空调普及率很高。哈尔滨、北京和上海的住户空调类型以分体式为主，长沙有一定比例的住户使用窗式和柜式空调。香港的住户主要使用窗式空调，且餐厅、书房等其他房间安装空调的住户比例明显高于其他城市。图 3.1-2 给出了各城市住户夏季使用的电扇数目。严寒地区哈尔滨和乌鲁木齐、寒冷地区北京以及温暖地区昆明的住户使用电扇的数目均明显低于上海、长沙和香港。其中，乌鲁木齐和昆明分别有 55% 和 86% 的住户不使用电扇；哈尔滨 80% 的住户家中只有一台电扇；而上海、长沙和香港拥有 2~4 台电扇的住户比例分别达到了 73%、83% 和 61%[1,2]。

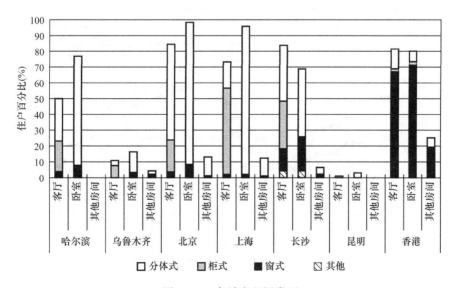

图 3.1-1　各城市空调类型

图 3.1-3 分析了各城市夏季典型日内空调使用情况。昆明的住户几乎都不使用空调。乌鲁木齐使用空调的住户比例只有 10% 左右。哈尔滨的住户在 18 点~20 点的空调使用率最大，达 40% 以上。北京、香港、长沙、上海的住户空调使用率明显高于上述

三个城市。分析其逐时使用率发现，北京、上海、长沙的住户空调使用率上午最小，中午 12：00～14：00 以及晚上 18：00～22：00 分别达到两个高峰，且晚上的峰值高于中午。而香港的空调使用率在白天均低于 30%，而夜晚 22：00 左右达到峰值 73%。图 3.1-4 为各城市住户夏季典型日的电扇使用率。分析各城市的逐时曲线发现，昆明和乌鲁木齐的逐时使用率很小，哈尔滨和北京在晚上 18：00 及 20：00 左右达到峰值。上海和长沙的电扇逐时使用率分别于 9：00～12：00 以及 12：00～14：00 达到峰值，分别为 77% 和 84%。因此，各城市空调、电扇设备的拥有数目以及使用率具有明显的地域性特征，北京、上海、长沙和香港的住户空调和电扇数目及使用率明显高于哈尔滨、乌鲁木齐、昆明[1,2]。

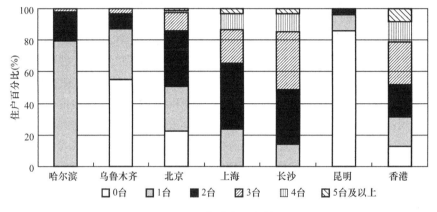

图 3.1-2　各城市电扇数目

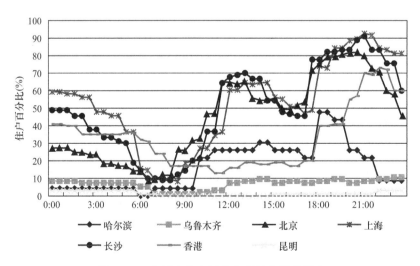

图 3.1-3　各城市住户夏季典型日空调使用率

2. 冬季供暖设备的使用情况

图 3.1-5 表示各城市住户使用的供暖设备类型的统计结果。乌鲁木齐和西安两城市均为集中供暖，图中只统计这两个城市中各住户的分散式供暖设备。其他城市中集中供暖的比例很小，在这些城市中均将集中供暖归入"其他"一项。图 3.1-6 统计了各住户

使用分散式供暖器的数目。结合两图分析发现，所有城市分散式供暖均以电供暖为主。乌鲁木齐、西安、香港分别只有 11%、27% 积 4% 的住户使用分散式供暖设备，且以每户 1 个供暖设备为主。59% 的昆明住户使用分散式供暖设备，其中 49% 的住户家中只有 1 台供暖设备，红外线取暖器是其主要取暖设备。长沙、重庆两城市冬季普遍使用分散式供暖器取暖，其中使用 2 台及以上的住户比例分别达到 68% 和 58%。分析供暖器种类发现，长沙使用红外线取暖器的住户比例达 74%，而重庆的住户中空调和红外线取暖器的使用比例都较大[1,3]。

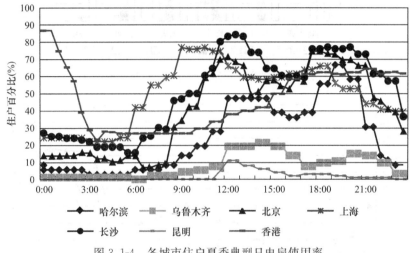

图 3.1-4　各城市住户夏季典型日电扇使用率

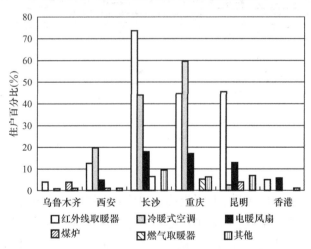

图 3.1-5　各城市住户使用的供暖设备类型

图 3.1-7 分析了各城市住户典型日内供暖设备的使用情况。乌鲁木齐和西安的所有住户均有 24h 集中供暖，因此两城市的分散式供暖的住户比例很低，其中乌鲁木齐住户使用分散式采暖器的逐时比例低于 10%，而西安只有 20% 的住户在 18：00~22：00 辅以分散式供暖。位于夏热冬暖地区的香港住户的供暖逐时比例均低于 10%。昆明、重庆、长沙三城市的住户在凌晨和白天的住户百分比在 10%~40% 之间，而 18：00~22：00 之间的使用率远高于其他城市，可达 50%~74%[1,3]。

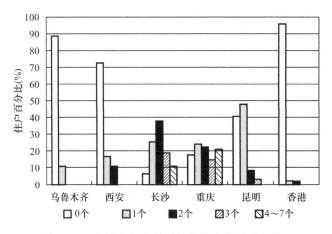

图 3.1-6　各城市住户使用的分散式供暖设备数目

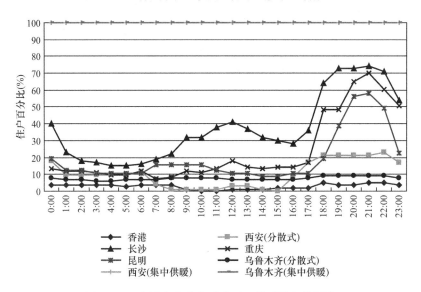

图 3.1-7　各城市住户冬季典型日供暖设备使用率

3.1.4　小结

受气候的影响，住户的供暖空调具有明显的地域性特征。昆明及乌鲁木齐夏季温度适宜，拥有空调的住户数非常少，哈尔滨次之，上海、长沙和香港的空调普及率很高；除空调之外，电风扇也是主要的夏季热舒适调节方式。除哈尔滨、乌鲁木齐冬季集中供暖外，分散式供暖器是其他城市供暖的主要方式，而空调和红外线取暖器是两种主要设备。供暖空调以间歇式为主，峰值主要集中在中午 12：00～14：00 和晚上 18：00～22：00。

参考文献

[1]　陈淑琴. 基于统计学理论的城市住宅建筑能耗特征分析与节能评价 [D]. 长沙：湖南大学，2009.

[2]　Chen S Q，Yoshino H，Li N P. Statistical analyses on summer energy consumption characteristics

of residential buildings in some cities of China [J]. Energy and Buildings，2010，42（1）：136-146.

[3] Chen S Q，Li N P，Yoshino H，et al. Statistical analyses on winter energy consumption characteristics of residential buildings in some cities of China [J]. Energy and buildings，2011，43（5）：1063-1070.

3.2 住宅用能的差异状况研究

3.2.1 研究对象

研究对象为北京市城区某机关大院某栋 15 层的住宅楼，如图 3.2-1 所示。建筑层高为 2.9m，户型均为三室两厅，每户建筑面积约为 105m²，调查对象为住宅楼内第 1 单元和第 2 单元的 1～15 层住户，共 60 户，被调查住户的经济收入状况基本一致，在北京地区处于中等以上水平。建筑外围护结构的保温性能满足北京市《居住建筑节能设计标准》DBJ01-602—2004 的要求，外墙采用 65mm 厚的聚苯板外保温，屋顶采用 100mm 厚的挤塑聚苯板外保温，外窗为塑钢中空窗。

3.2.2 研究方法

1. 供暖能耗调查方法

住宅楼供暖系统为下供下回双管系统，室内供暖系统采用分户成环的单管水平串联同程式连接方式。各住户的热入口装有电子式户用热表，由此可读取累计流量、累计热量、瞬时流量及当前供、回水温度等参数，具体如图 3.2-2 和图 3.2-3 所示。对住宅楼内各个住户，在 2008—2009 年的供暖季（2008.11.16—2009.3.15）每周的周一和周五，持续开展了供暖相关数据的现场采集工作。进一步，将通过住户热表所采集的供暖耗热量数据除以各户住宅的建筑面积，再与时间相除，计算得出各个住户的供暖耗热量指标。

图 3.2-1 住宅建筑外观图　　　　　　图 3.2-2 电子式户用热表

2. 生活用电能耗调查方法

住宅楼各住户均安装有单相电子式预付费电度表，可由此直接读取住户用于照明、家用电器以及空调的耗电用量，如图 3.2-4 所示。在上述各住户供暖用能数据采集的过程中，同时开展了住户用电量数据的采集，并在供暖期结束后仍然持续采集每周一和周五的用电量数据，直至 2009 年 9 月中旬结束。

(a)   (b)

(c)   (d)

图 3.2-3　热表参数

（a）累计流量参数；（b）累计热量参数；（c）瞬时流量参数；（d）供回水温度参数

图 3.2-4　单项电子式预付费电表

3. 空调用电能耗调查方法

现有的住宅几乎都没有实施分项电计量，户用电表所显示的是包括照明灯具、电视、冰箱等家用电器以及空调在内的所有用电设施的总耗电量。于是，户用电表夏季的采集数据不仅包括照明、家用电器的耗电量，还包括空调运行的耗电量，要将夏季的空调用电量从电表所显示的总用电量中拆分出来。对此，有必要了解各个住户用电的变化规律，选择若干典型的住户，图 3.2-5 反映出从春季到夏季（2009 年 3 月 2 日—9 月 7 日）典型住户总用电量的逐周变化。

可以看出，虽然各个住户用电量的大小存在差异，但用电量随时间的变化趋势存在一定的相似之处。从 3 月上旬至下旬以及从 4 月下旬至 6 月中旬的时间内，各个住户的周用电量基本保持平稳，期间用电量的最大变化幅度不超过 5％。与之相比较，3 月 30 日至 4 月 15 日的时间内，部分住户的用电量有较为明显的上升。此时，集中供暖系统已停止运行，而室外气候出现降温和寒流，部分住户为取暖开启电暖气或浴霸等，从而导致了用电量的上升。此外，各个住户用电量在 6 月下旬至 9 月初的夏季均出现明显波动的状况，用电量迅速上升或下降，这显然是空调运行的作用结果。因此，由住户用电量的变化可以判断出空调的运行状况。

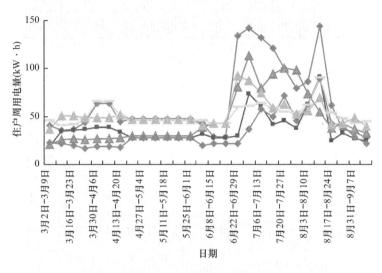

图 3.2-5　住户周用电量的变化

以上的分析表明，住户用于照明、电视、冰箱等生活和娱乐的生活用电基本保持不变，空调的运行将会导致用电量的明显上升。于是，将 3 月上旬至下旬以及从 4 月下旬至 6 月中旬住户各周用电量的平均值作为基础耗电量，再经过天数的转换并除以建筑面积后，得到各个住户单位面积的全年生活用电量。进一步，将住户夏季逐周的用电量减去对应的基础耗电量，再进行累加并除以建筑面积，得到住户单位面积的夏季空调耗电量。

3.2.3　研究结果

1. 住户能耗状况

在 60 个调查住户中，供暖、空调及生活用电数据均有效的样本总数为 44，故对这 44 个有效样本住户的供暖耗热量、空调以及生活用电能耗进行统计分析，得到调查住户供暖耗热量、空调用电量和生活用电量的分布，具体如图 3.2-6、图 3.2-7 和图 3.2-8 所示。

统计结果表示，住宅在使用过程中的实际供暖能耗水平较高，住户单位面积耗热量都高于 2004 年所颁布的《北京市居住建筑节能标准》DBJ01-602—2004 所要求节能 65％的耗热量指标 14.65W/m²，并没有达到节能标准的要求，也即节能建筑并未实现节能。

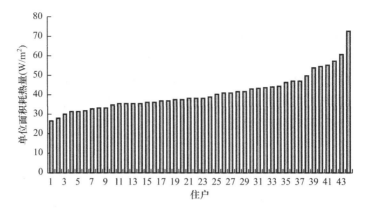

图 3.2-6　住户供暖耗热量分布

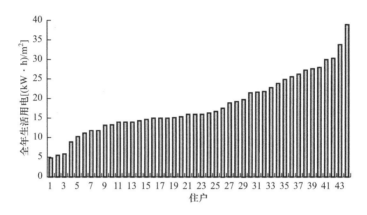

图 3.2-7　住户生活用电量分布

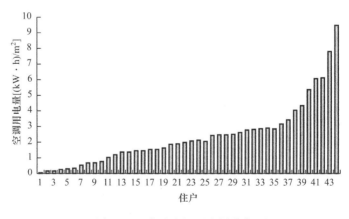

图 3.2-8　住户空调用电量分布

同时，无论是对供暖能耗，还是空调和生活用电，住户之间的能耗差异十分显著。从图中可以看出，供暖耗热量指标最高超过了 $70W/m^2$，最低不到 $30W/m^2$。在生活用电方面，最低的月用电量不足 $50kW·h$，最高超过了 $300kW·h$。空调用电量相差更为悬殊，住户的夏季空调耗电量最高达到 9.4（$kW·h$）/m^2，最低的仅为 0.07（$kW·h$）/m^2。同时，相比较 2000 年北京市住宅 $100kW·h$ 左右的月用电状况，住宅照明灯具和家电设备的用电量增加明显，1/3 调查住户的月用电量超过 150kW·h。

2. 住户能耗结构

进一步，按照热力和等价电力与标煤之间的相互关系，再考虑供暖系统管网和锅炉的效率，将供暖能耗和空调、生活用电量折算成标煤，进而计算各个住户供暖、空调以及生活用电能耗在 3 项总能耗中所占的比例，确定各个住户的能耗结构，具体如图 3.2-9 所示。

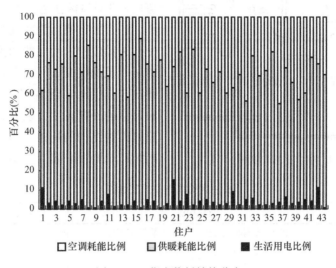

图 3.2-9　住户能耗结构分布

从能耗分布来看，所有住户的供暖能耗均占到全年总能耗的 50% 以上，最高可超过 80%；其次是住户的生活用电能耗，大概占住户全年能耗的 30%～40%，能耗比例最小的是住户夏季空调用电量，最高占住户全年能耗的 15%。因此，冬季供暖能耗依然是北方城镇住宅建筑能耗的主要部分，生活用电对建筑总能耗也起到不可忽视的作用。

3.2.4　小结

从住户能耗差异性的角度，本研究说明了住宅建筑在实际使用运行过程中还有很大的节能潜力，为发现住宅在实际使用过程中的节能潜力，关键需要研究确定导致住宅能耗明显差异的主要因素及其影响特性。

3.3　住宅空调行为及能耗影响研究

3.3.1　研究对象

研究对象包括 3.2 节开展住宅能耗调查的 43 个住户，此外，还包括 57 个进行问卷调查的住户，最终获得的有效样本数为 100 户。其中，所在建筑为多层和高层的住户数分别为 56 和 44；位于底层、中间层和顶层的住户数分别为 12、69 和 19；建筑户型为 1

居室、2 居室和 3 居室的住户数分别为 16、28 和 56；家庭人员数为 2 人、3 人、4 人、5 人及以上的住户数分别为 18、50、18 和 14；被调查者年龄结构为青年人、中年人和老年人的人数分别为 45、45 和 10。调查样本中，上述各个因素的分布合理。此外，住户的经济收入在北京市区属于中等或以上水平。因此，调查样本的空调行为基本能够反映北京城区住宅整体的空调行为状况。

在开展空调行为状况问卷调查的对象中，选择位于中间层的两室一厅住宅作为空调能耗的模拟计算对象，住宅的平面如图 3.3-1 所示，建筑层高为 2.9m，客厅和卧室的外窗高度分别为 2.05m 和 1.8m。建筑围护结构的构造及热工性能如表 3.3-1 所示，其中外窗综合遮阳系数为 0.83。

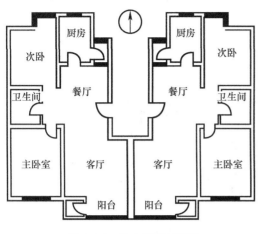

图 3.3-1　住户平面布置图

<table>
<tr><td colspan="3" align="center">围护结构构造及热工性能</td><td align="right">表 3.3-1</td></tr>
<tr><td>名称</td><td colspan="2" align="center">材料构成</td><td align="center">传热系数 [W/(m² · ℃)]</td></tr>
<tr><td>外墙</td><td colspan="2">200mm 钢筋混凝土，100mm 膨胀聚苯板</td><td>0.402</td></tr>
<tr><td>屋面</td><td colspan="2">130mm 钢筋混凝土，100mm 挤塑聚苯板</td><td>0.32</td></tr>
<tr><td>内墙</td><td colspan="2">200mm 陶粒混凝土</td><td>1.3</td></tr>
<tr><td>外窗</td><td colspan="2">塑钢中空窗（中空 9mm）</td><td>2.7</td></tr>
<tr><td>楼板</td><td colspan="2">130mm 钢筋混凝土</td><td>2.8</td></tr>
<tr><td>楼地</td><td colspan="2">40mm 混凝土</td><td>—</td></tr>
</table>

3.3.2　研究方法

采用问卷调查、模拟分析和现场实测相结合的方法研究住户的空调用电行为及其对住宅空调用电能耗的影响状况。

问卷调查内容主要包括空调房间面积、空调器额定制冷量、空调送风方式、送风量、空调设定温度、空调运行时间、空调运行时门窗开启状况、空调同时运行台数及人的满意度等。在此基础上，总结分析典型的空调行为模式，运用 DeST 模拟软件，开展空调行为模式对住宅空调能耗影响的模拟研究。进而通过空调能耗模拟计算结果与 3.2 节住宅能耗调查中实测结果的分析比较，说明空调行为调查结果及其对空调能耗影响模拟结果的可靠性。

3.3.3　研究结果

1. 空调行为状况

统计分析问卷调查数据，得到北京地区住宅在空调设定温度、空调运行时门窗开关状况、空调运行的时段、空调同时运行台数等方面的分布状况。分别如图 3.3-2 ～图 3.3-5 所示。

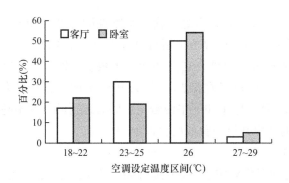

图 3.3-2　空调设定温度分布

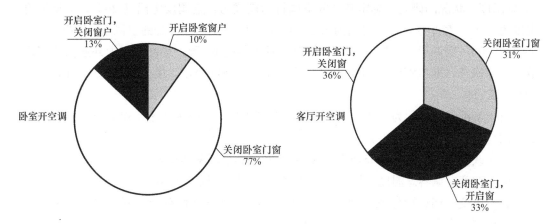

图 3.3-3　空调运行时卧室门窗开关状况

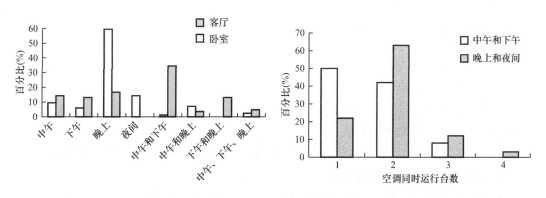

图 3.3-4　空调运行时段分布　　　　图 3.3-5　房间空调同时运行台数分布

　　调查问卷的统计结果在一定程度上反映了北京地区住宅空调行为的基本变化特性。

　　图 3.3-2 表示，居住者普遍设定的室内空调温度为 26℃，此外，部分住户偏好 25℃以下的空调环境，但也有少部分住户要求空调设定温度在 27℃以上。分析图 3.3-3 的统计结果，可以发现，尽管卧室和客厅空调运行时，绝大部分住户都会通过关闭内门 或关闭卧室外窗来阻止冷气向室外的散失，但也有少部分住户开启卧室外窗以实现通风 换气。再有，从空调开启时段的分布上，可以推断住宅不同房间的空调存在同时运行的 现象。图 3.3-4 反映出不同功能房间空调运行时间的差异，卧室空调的运行主要在晚上

休息期间（18：00～23：00），其次是在夜间睡眠期间（23：00～7：00）；客厅空调的运行状态取决于居住者在客厅的停留，运行时间主要为中午（12：00～14：00）和下午（14：00～18：00）的时段。另外，在空调运行天数上，20%住户在整个夏季有规律地开启空调，另有35%的住户只在最热的几天开启空调，其余的住户介于两者之间。图3.3-5的统计结果显示，中午和下午两台空调同时运行的概率不超过50%，而在晚上和夜间，接近80%的住户开启两台或两台以上的空调。

2. 空调行为模式

分析比较空调行为变化对住宅建筑空调能耗的影响，首先要建立一个基准的空调行为模式。根据上述空调行为调查结果的统计分析以及文献[1]～[3]关于空调启动时刻室温（容忍温度）状况的研究，确定基准的空调行为模式为：空调设定温度26℃，空调容忍温度为29℃，客厅空调运行时间为12：00～18：00，主卧和次卧的空调运行时间为18：00～23：00，空调运行天数为6月中旬至8月中旬的60天，空调时室内外通风换气次数为0.5次/h，非空调时房间换气次数随室外气象条件变化，最大为10.0次/h，最小为0.5次/h。

对于基准的空调行为模式，分别单独改变其中的某个行为要素，得到以下6种典型的空调行为模式，具体如下：

（1）改变空调设定温度分别为25℃和27℃，其余同基准模式。

（2）改变空调容忍温度分别为28℃和30℃，其余同基准模式。

（3）改变空调运行台数分别为：单独客厅或单独一个卧室开空调、两个卧室开空调，其余同基准模式。

（4）改变空调运行时间分别为：

① 客厅12：00～23：00，卧室18：00～7：00；

② 客厅18：00～23：00，卧室23：00～7：00；

③ 客厅18：00～20：00，卧室20：00～22：00；

④ 其余同基准模式。

（5）改变空调运行天数分别为：6月初至8月底的90天，7月的30天，7月中旬到7月底的15天，其余同基准模式。

（6）改变通风换气状况，空调时卧室的通风换气次数为2.0次/h，其余同基准模式。

3. 不同空调行为下的能耗状况

针对以上不同的空调行为模式，运用建筑热环境模拟分析软件DeST-h，以图3.3-1所示的住宅为模拟计算对象，计算确定不同空调行为模式下的住宅空调能耗，分析比较空调行为模式对住宅空调能耗的影响。考虑家用空调器的能效比为3.0，采用2009年北京地区夏季的室外气象参数，采用文献［4］所提出的室内发热模式输入住宅各个房间逐时的室内发热数据，该发热模式通过对实际住宅人体、照明灯具、电器设备以及燃气具等各个内热源逐时停留或运行的调查和统计分析提出和建立。空调能耗的具体计算结果如图3.3-6所示。

显然，空调设定温度和容忍温度越低，空调运行时间越长，空调运行台数越多，空调时室内外通风换气次数越大，住宅空调能耗越高；反之，空调能耗越低。具体的影响状况为：空调设定温度低于 26℃，空调容忍温度低于 29℃ 时，温度变化对能耗的影响较为明显，客厅空调能耗占住宅空调总能耗的权重较大，空调运行时间对能耗的影响基本呈线性关系，通风换气状况对空调能耗的影响明显。

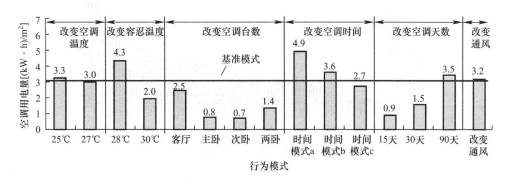

图 3.3-6 不同空调行为模式下的空调能耗

在上述空调行为模式中，再分析确定最节能和最耗能的两种空调行为模式，具体见表 3.3-2。

最节能和最耗能空调行为模式描述 　　　　　　　　　　　　　表 3.3-2

	最节能行为模式	最耗能行为模式
设定温度（℃）	27	25
容忍温度（℃）	30	28
运行台数	仅次卧 1 台空调运行	3 台空调同时运行
运行时间	卧室：18：00～20：00	客厅：12：00～23：00，卧室：18：00～7：00
运行天数（d）	15	90
空调时间通风换气次数	卧室：0.5 次/h	卧室：2.0 次/h，客厅：0.5 次/h
非空调时间换气次数	随室外气象条件变化，最大为 10.0 次/h，最小为 0.5 次/h

对此，仍采用模拟计算的方法，从定量角度分析比较这两种空调行为模式对能耗的影响。计算结果表明，最耗能行为模式下的空调耗电量为 7.4 $(kW \cdot h)/m^2$，而最节能行为模式下的空调耗电量不足 0.1 $(kW \cdot h)/m^2$，两者的差异悬殊。

将上述空调能耗的模拟计算结果与 3.2 节住宅能耗调研住户的实际空调耗电量相对比，如图 3.3-7 所示，可以看出，实际空调耗电量与模拟计算结果在相同的数量变化范围内。

3.3.4 小结

研究结果说明了基于调查和模拟计算分析所确定出的空调行为模式及其能耗影响结果的可靠性，更突出了住宅建筑中空调行为模式对空调能耗的重要影响。

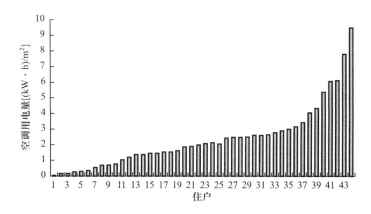

图 3.3-7　住宅实际空调耗电量分布

参考文献

[1] 李兆坚，江亿，魏庆芃. 北京市某住宅楼夏季空调能耗调查分析 [J]. 暖通空调，2007，37（4）：46-51.

[2] 简毅文，江亿. 住宅房间空调器运行状况的调查分析 [J]. 中国建设信息供热制冷，2005，6：66-68.

[3] Chihye B, Chungyoon C. Research on seasonal indoor thermal environment and residents' control behavior of cooling and heating systems in Korea [J]. Building and Environment，2009，44（11）：2300-2307.

[4] 简毅文，江亿. 北京住宅房间内热源逐时发热状况的调查分析 [J]. 暖通空调，2006，36（2）：33-37.

3.4　热泵型空调供暖行为及能耗影响研究

3.4.1　研究对象

本书在上海地区选取 10 户使用热泵型空调器供暖的住宅进行现场测试和调研，测试时间为 2013 年 11 月至 2014 年 4 月和 2014 年 11 月至 2015 年 3 月两个冬季。测试内容为室内环境参数和居民行为信息，主要包括室内温湿度、人员在室情况和空调运行情况。

3.4.2　研究方法

1. 现场调研

测试仪器如表 3.4-1 和图 3.4-1 所示。

测试仪器　　　　　　　　　　　　　　　　　　　　　　　表 3.4-1

仪器名称	测试参数
温湿度自动记录仪 WSYZ-1	室内的温度和相对湿度
红外线人体感应仪	人员在室情况
插座式电量自动记录仪 S-350	空调运行情况和累计电耗

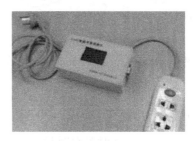

图 3.4-1　红外线人体感应仪（左）、温湿度自动记录仪（中）和电量自动记录仪（右）

2. 人员移动和动作模型

本节采用基于马尔科夫链随机模型对人员移动进行描述[1]。人员移动模型原理是以建筑房间为最小位置单元，首先为人员日常活动定义移动事件，比如上班、下班、吃饭等。然后根据人员的初始状态，进行马尔科夫链的数值随机模拟，生成人员逐时位置状态。

人员动作采用基于条件触发的控制动作模型[1]，住宅建筑中空调的开关动作主要受以下三种因素触发[2]：

（1）环境因素，例如室内温度；

（2）事件因素，例如进入房间、离开房间、睡觉、起床等；

（3）随机因素，包括一切不确定或影响较小的因素。

上海地区居民供暖空调使用模式主要为觉得冷开空调、离开房间/睡觉关空调。觉得冷开空调的概率模型为[2]：

$$P = \begin{cases} 1 - e^{-(\frac{x-l}{l})^k \Delta\tau} & x \leqslant u \\ 0 & x > u \end{cases} \quad (3.4\text{-}1)$$

式中　　P——开空调动作发生的概率；

　　　　x——室内空气温度，℃；

u，l，k——与动作有关的参数；

　　　　$\Delta\tau$——现场测试与模拟的时间步长，本次研究取 5min。

离开房间/睡觉关空调的概率模型为

$$P = p \quad (3.4\text{-}2)$$

此时关空调概率为常数。$P=1$ 表示从不开空调，$P=0$ 表示从不关空调。

3. 能耗模拟

进行能耗模拟以验证调研的供暖行为模式，本研究在 DeST-h[3] 建筑环境模拟软件住宅版中建立了一个虚拟住宅建筑模型，进行能耗模拟。

3.4.3　研究结果

1. 人员在室结果

在实际调研中，每个房间往往有 2～3 个人同时使用。人体感应仪只能感应到室内是否有人在室，不能区分具体是哪一个人在活动。同样使用电量自记仪只能判断空调的运行状态，从而推断空调的开关动作，不能区分具体是哪一个人实施了该动作。因此在结果分析中，将某房间多个使用者的用能行为综合成一个"典型人"的行为模式[4]。"典型人"反映了该房间多位共同使用者的行为习惯，将其融合到一个人的行为模式之中。

由红外线人体感应仪测得的人员在室情况如表 3.4-2 所示，其中在 t 时刻的在室概率 P_t 由公式（3.4-3）计算。

$$P_t = \frac{n_t}{n_{总}} \qquad (3.4-3)$$

式中　n_t——t 时刻在室时长；

　　　$n_{总}$——t 时刻总时长。

人员在室情况　　　　　　　　　　　表 3.4-2

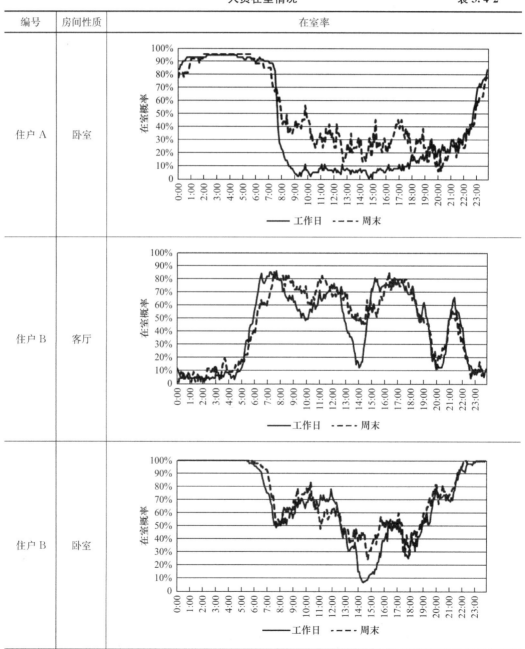

编号	房间性质	在室率
住户 A	卧室	
住户 B	客厅	
住户 B	卧室	

由表 3-4-2 中可以看出，周末与工作日的作息不同，因此将周末外出的时长占周末时长的比例定义为周末工作比例，利用工作日作息和周末工作比例来定义周末的作息。根据测试获得周末在室概率与工作日在室概率的关系，可以得到住户 A 的周末工作比例为 0.6。

由测试结果可以发现，即使是功能性质相同的房间，不同住户的人员在室情况差异还是很大的。这主要与住户家庭成员的工作性质相关，也受行为习惯和一些其他因素的影响。同时，由工作日和周末在室概率对比发现，周末在室概率并不是 100%，其相比工作日会高一些，主要是由于周末离开房间的行为发生次数较少。

住户 A 卧室的使用者是两个上班族，工作日通常是早上离开卧室，直到晚上睡觉时才回来，白天其余时间不在室，周末白天偶尔在室，所以 8：00～22：00 在室率很低。使用者为上学小孩的卧室移动规律和上班族相同。

住户 B 房间的使用者为两个老人，与上班族不同的是，老人几乎全天都在家里，随机在客厅和卧室活动，所以除睡觉时间外，卧室的在室概率在其余时间段也较高。此外，客厅在室概率在 10：00 和 14：00、卧室在室概率在 15：00 和 18：00 偏低，说明该时间段内老人有离开室内的动作发生。

2. 开关空调动作结果

现场测试结果显示，不同住户间开关空调动作的触发因素大致相同。图 3.4-2 给出了某住户连续几天室温、人员在室、开关空调状态的对应关系，可以发现住户开关空调主要有以下两种模式：

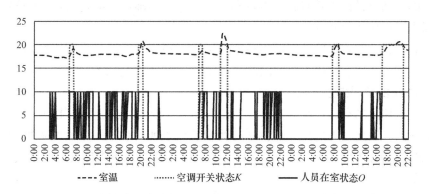

图 3.4-2 典型住户室温、人员在室、开关空调状态的对应关系

1—室温，单位为℃；2—为使上图更清楚，$K=20$ 表示空调开，$K=0$ 表示空调关；

3—$O=10$ 表示有人员在室，$O=0$ 表示无人员在室

（1）开空调动作：室内温度低，觉得冷开空调；

（2）关空调动作：离开房间关空调；卧室房间内也有部分人选择睡觉前关空调。

但是不同住户间相较，即使是功能相同的房间（比如客厅、卧室）且在室率相近时，空调开启时长和单位面积的空调能耗也存在较大差异。这主要表现为不同住户间由于生活习惯和经济水平等差异而造成的空调容忍温度的差异[1]，例如，住户 B 中的老人由于生活习惯较为传统，容忍温度较低。同时，测试结果表明同一住户房间功能不同时容忍温度也可能不同。卧室的容忍温度要比客厅的容忍温度高 2～3℃，这说明居民对

卧室的热舒适环境有着更高的要求。

3. 位移模型描述参数

人员位置的移动总是伴随或包含在一系列日常活动和事件中。例如上班、下班、开会、起床、睡觉等，都会引起人员位置的变化。一个完整的人员移动过程需要一系列移动事件进行刻画[1]。根据调研得到的人员在室情况，可以归纳得到住宅房间的移动事件。结合调研和生活经验假设移动事件发生时间得到居民移动行为模型参数，如表 3.4-3 所示。

移动行为参数   表 3.4-3

	上班族		老人		小孩		客厅	
事件	开始时间	结束时间	开始时间	结束时间	开始时间	结束时间	开始时间	结束时间
起床	6：00	7：00	6：00	7：00	6：00	7：00	6：00	7：00
上午在室								
上午离开房间	7：00	8：00	8：00	11：00	7：00	8：00	9：00	10：00
上午回到房间	—	—	13：00	14：00			10：00	11：00
中午在室								
下午离开房间	—	—	15：00	16：00	—	—	13：00	14：00
下午回到房间	21：00	22：00	19：00	20：00	19：00	20：00	15：00	18：00
晚上在室睡觉	22：00	23：00	20：00	21：00	21：00	22：00	21：00	23：00
平均停留比例	0.3		0.6		0.3		0.6	

周末的移动事件由工作日移动事件和周末工作比例确定。由表 3.4-2 人员在室情况可知，周末工作比例为 0.6。

"开始时间""结束时间"表示移动事件的发生和作用时段。"平均停留比例"为人员在该房间室内与所有房间停留时间的相对比例，由测试数据统计获得。

4. 动作触发模型描述参数

上海地区住宅的空调供暖能耗，不同住户间差异较大，这主要是住户间供暖行为模式差异造成的。因此，不能用一种供暖行为模式代表所有住户。本研究根据调研数据，将空调供暖能耗分为低、中、高三个等级，在每个能耗等级下提出典型的供暖行为模式的描述参数。

为了确定动作模型参数 u、l、k 的值，将本次调研获得的数据按照文献 [1] 的方法进行处理，可以得到三种能耗等级下空调开关动作概率模型的描述参数，如表 3.4-4 和表 3.4-5 所示。

由住户开空调动作概率曲线，可以看出：

(1) 房间性质相同时，空调能耗等级越高，u 值越大，l 和 k 相差不大。u 反映了居民开空调动作发生的温度上限，比如客厅中等能耗水平 $u = 15.5$，表示当室内温度大于 15.5℃时住户便不再开空调。l 表示自变量范围，l、k 均反映曲线形状的参数。

(2) 空调用能水平相同时，卧室相比客厅 u 和 l 值都较高。这说明住户对卧室的温度要求要比客厅高，卧室开空调动作发生对应的温度范围要比客厅广。

开空调动作概率 表 3.4-4

房间性质	能耗等级	主要参数	R^2	拟合结果
客厅	低	$u=13.5$ $l=6.62$ $k=15.5$	0.93	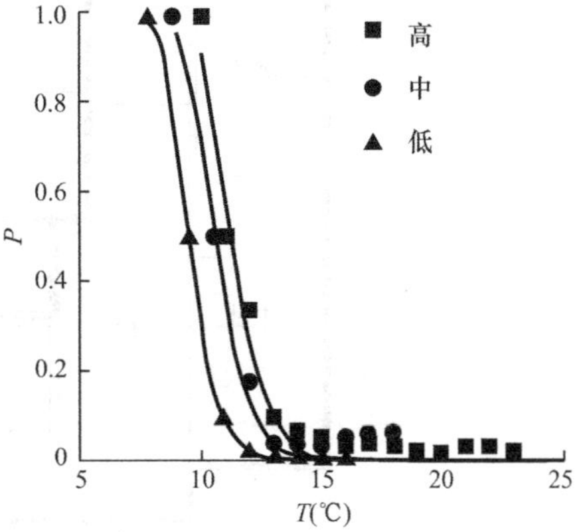
	中	$u=15.5$ $l=6.32$ $k=16.01$	0.99	
	高	$u=21.5$ $l=9.97$ $k=10.26$	0.98	
卧室	低	$u=16.5$ $l=7.75$ $k=11.2$	0.99	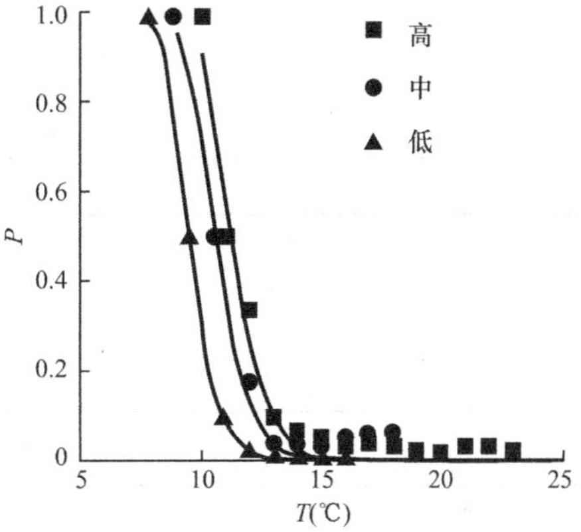
	中	$u=18.5$ $l=9.8$ $k=7.9$	0.98	
	高	$u=23.5$ $l=14.32$ $k=12.58$	0.97	

关空调动作概率 表 3.4-5

房间性质	能耗等级	离开房间	睡觉
客厅	低		—
	中	$P=1$	—
	高		—
卧室	低		$P=1$
	中	$P=1$	$P=1$
	高		$P=0$

5. 能耗模拟与结果分析

如图 3.4-3 所示，考虑邻室传热的影响，建筑模型绘制三层，待研究的住宅房间位于二层，并绘制出周围其余房间。

为涵盖大多数住户的家庭成员类型，设定该住宅为一个 5 口之家，两个上班族、两个老人和一个小孩。该住宅主要功能房间和使用人员如表 3.4-6 所示。该建筑围护结构根据《夏热冬冷地区居住建筑节能设计标准》JGJ 134—2012 确定，如表 3.4-7 所示。

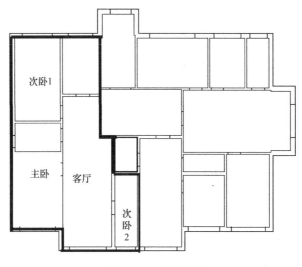

图 3.4-3　建筑模型

住宅功能房间信息　　　　　　　　　　　　　表 3.4-6

房间	人员
客厅	全部
主卧	上班族
次卧 1	老人
次卧 2	小孩

围护结构参数　　　　　　　　　　　　　表 3.4-7

围护结构	传热系数 [W/(m² · K)]
外墙	1.18
隔墙	1.9
楼板	1.9
屋面	0.9
窗户	2.5

　　输入 DeST-h 软件的用能行为模型参数 u 根据调研结果取整，l、k 在调研结果分析基础上稍作调整，并设置一组"全时间、全空间"供暖的行为模式进行对照，具体参数如表 3.4-8 所示。空调设定温度是统计被调研住户空调运行时的平均室内温度。

动作行为参数　　　　　　　　　　　　　表 3.4-8

房间性质	能耗等级	觉得冷开空调			设定温度（℃）	离开时关空调	睡觉时关空调
		u	l	k			
客厅	低	13	6	15	13	$P=1$	—
	中	17	8	13	17	$P=1$	—
	高	21	9	11	21	$P=1$	—
	全	—	—	—	21	$P=0$	—

续表

房间性质	能耗等级	觉得冷开空调			设定温度（℃）	离开时关空调	睡觉时关空调
		u	l	k			
卧室	低	16	8	8	16	$P=1$	$P=1$
	中	19	10	10	19	$P=1$	$P=1$
	高	22	12	12	22	$P=1$	$P=0$
	全	—	—	—	22	$P=0$	$P=0$

注："低、中、高"分别表示能耗等级；"全"表示"全时间、全空间"的供暖行为模式。

移动行为参数模拟结果如表 3.4-9 所示。

移动行为模拟结果 　　　　　　　　　　　　　　　　　　　表 3.4-9

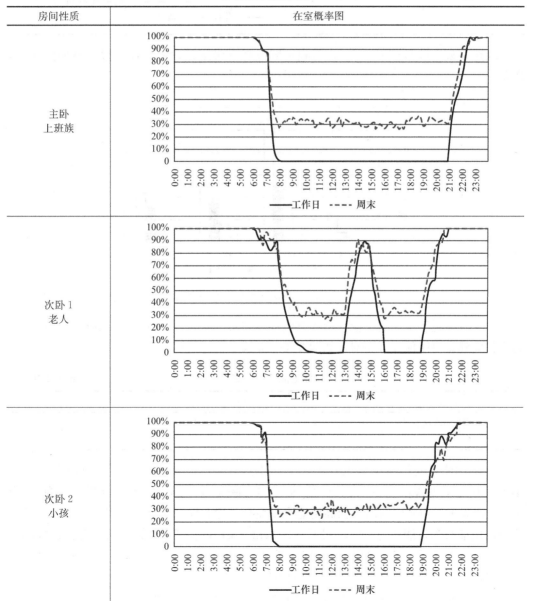

房间性质	在室概率图
主卧 上班族	
次卧1 老人	
次卧2 小孩	

续表

房间性质	在室概率图
客厅	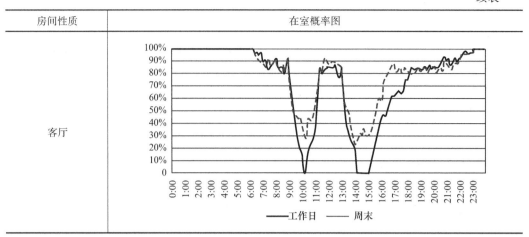

取热泵型空调器 $COP=2.5$，得到不同能耗等级下，空调能耗模拟结果如图 3.4-4 所示。

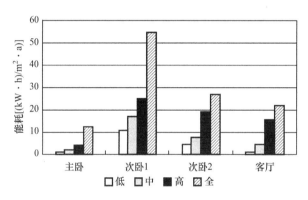

图 3.4-4　各房间模拟空调能耗

在三种能耗等级下的单位面积年供暖耗电量如表 3.4-10 所示。与文献 [2] 中上海地区住宅建筑供暖能耗分布对比如图 3.4-5 所示。

住宅能耗模拟结果　　　　　　　　　　　　　　　表 3.4-10

能耗等级	低	中	高	全
单位面积年供暖耗电量 $[(kW \cdot h)/(m^2 \cdot a)]$	3.1	5.7	12.6	24.1

从空调能耗模拟结果可以看出，不同用能水平下空调供暖能耗差距较大，低用能水平住户，即客厅 $u=13$、卧室 $u=16$、睡觉不开空调的用能行为，能耗为 3.1 $[(kW \cdot h)/(m^2 \cdot a)]$，而高用能水平住户，即客厅 $u=21$、卧室 $u=22$、睡觉开空调的用能行为，能耗为 12.6 $[(kW \cdot h)/(m^2 \cdot a)]$，验证了住户间供暖行为模式的差异是产生能耗差异的重要原因。根据文献 [5] 上海地区住宅建筑平均供暖耗电量为 4.1 $[(kW \cdot h)/(m^2 \cdot a)]$，介于住宅模拟能耗低水平 3.1 $[(kW \cdot h)/(m^2 \cdot a)]$ 和中水平 5.7 $[(kW \cdot h)/(m^2 \cdot a)]$ 之间，说明大部分住户处于低用能水平。

3.4.4 小结

（1）上海地区"部分时间、部分空间"供暖方式下，住户间空调器调控行为模式的差异是能耗水平差异的重要原因。

（2）提出了上海地区高、中、低用能水平下居民典型的供暖行为模式，可为该地区住宅供暖能耗模拟提供基础模型。

（3）通过能耗模拟计算出了不同用能水平行为模式下典型的住宅能耗，对比发现上海地区大部分住户行为与低用能水平较为接近。

（4）由于行为测试样本选取的随机性较大，文中给出的居民移动行为参数和动作行为参数推荐取值具有一定的局限性，后续研究可考虑设计场景调查或环境仓实验的方法增加行为模型的普适性。

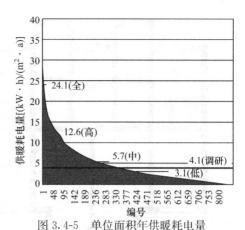

图 3.4-5　单位面积年供暖耗电量

"低""中""高""全"分别表示根据低、中、高能耗等级下的供暖模式以及"全空间、全时间"供暖模式得到的能耗模拟结果；"调研"代表调研得到的上海地区能耗平均水平

参考文献

[1] 王闯. 有关建筑用能的人行为模拟研究 [D]. 北京：清华大学，2014.

[2] Ren X, Yan D, Wang C. Air-conditioning usage conditional probability model for residential buildings [J]. Building & Environment，2014，81（7）：172-182.

[3] 清华大学 DeST 开发组. 建筑环境系统模拟分析方法：DeST [M]. 北京：中国建筑工业出版社，2006.

[4] 周翔，牟迪，郑顺，等. 上海地区夏季居民空调器使用行为及能耗模拟研究 [J]. 建筑技术开发，2016，6：81-84.

[5] 郑顺，周翔，张静思，等. 上海地区热泵型空调器冬季供暖能耗分析 [J]. 空调暖通技术，2014（3）：5-10.

3.5　不同行为模式下的住宅空调能耗分析

在大量的住宅空调能耗实测调研中发现，不同的空调行为模式会导致巨大的用能差异[1-3]。本研究利用 DeST 软件[4,5]，通过一个住宅的模拟案例来定量说明和解释用能行为对住宅空调能耗的显著影响。

3.5.1　研究对象

所选取的住宅建筑位于北京[5]，正南朝向，共 6 层，层高 2.9m，每层包括 4 户家庭，每户包括主卧（15.8m²）、次卧（12.6m²）、客厅（20.4m²）、门厅（6.6m²）、厨房（7.4m²）、卫生间（3.2m²）各一间。建筑标准平面图及标准户型图如图 3.5-1 所示。

图 3.5-1　住宅建筑平面图

建筑外墙为聚苯板内保温 200 混凝土墙，传热系数 $K=0.622W/(m^2 \cdot K)$。外窗为双层中空玻璃窗，传热系数 $K=2.8W/(m^2 \cdot K)$。南向窗墙比为 0.5，北向窗墙比为 0.3。

各个房间的照明功率密度均为 $5W/m^2$，设备功率密度分别为：主卧 $6.3W/m^2$（1 台 100W 电脑）、次卧 $7.9W/m^2$（1 台 100W 电脑）、客厅 $9.8W/m^2$（1 台 200W 电视）。

每户的主要功能房间（主卧、次卧、客厅）安装有分体空调（制冷容量 1800W，$COP=3$），其余房间主要依靠与这些空调房间以及室外的自然通风来实现降温。对于有外窗的房间，其与室外的通风换气次数在开窗时设为 2 次/h，关窗时设为 0.5 次/h。室外空气的 CO_2 浓度取 380ppm。人员在室内的 CO_2 呼出率取 $0.35L/(min \cdot 人)$。

全年空调季为 6 月 1 号到 9 月 30 号。模拟时间步长为 5min。

3.5.2　研究方法

采用本书第 2 章所述的 DeST 软件对住户的空调行为及能耗进行模拟计算[5-10]。按以下步骤计算得到住宅的空调能耗：首先，进行人员移动模拟，其结果作为后续动作模拟的基本输入；然后，进行照明行为及设备使用行为模拟，其结果作为室内发热量代入空调行为及能耗的模拟计算；最后，在前述结果的基础上，进行不同模式下的空调开窗行为模拟，计算相应的空调能耗。

选择第二层最西侧的住户作为计算对象，各个功能房间的编号分别为 1～6（图 3.5-1）。这户家庭的成员包括一对夫妻、一个小孩，分别居住在主卧和次卧。

日常主要作息规律是：夫妻白天上班，小孩白天上学，晚上回家睡觉，其工作日作息见表 3.5-1。周末白天出门游玩，晚上回家，作息假设与工作日相同。

照明行为模式是：觉得屋里暗时开，睡觉或离开家时关。设备（电脑、电视）的使用模式是：进屋时开，睡觉或离开家时关。具体行为参数见表 3.5-2、表 3.5-3。

住宅人员的主要事件与移动参数 表 3.5-1

工作日作息	事件	发生时间段	特征参数		
上班时段 上学时段 8：00～18：00	起床	6：00～7：00	平时起床时间：6：30		
	上班（上学）	7：00～8：00	平均上班时间：7：30		
	下班（放学）	18：00～19：30	平均下班时间：19：00		
	做晚饭	19：00～19：30	做饭时间：15～30min		
	吃晚饭	19：30～20：00	吃饭时间：15～30min		
	收拾房间	20：00～20：30	平均时间：10～30min		
	走动	18：00～8：00		停留时间比例	平均停留时间
			在自己卧室	0.6	2h
			在客厅	0.2	1h
			在室内其他房间	0.1	10min
			在室外	0.1	30min
	睡觉	22：30～23：30	平均睡觉时间：23：00		

人员的照明行为模式 表 3.5-2

动作	模式	数学形式	特征参数
开灯	觉得屋里暗时开	$P=\begin{cases} 1-e^{-\left(\frac{u-I}{\bar{l}}\right)^k} & \text{if } I<u \\ 0 & \text{if } I\geq u \end{cases}$ 其中，I 为房间照度	$u=300$ $\bar{l}=200(5\text{min})$ $k=3.5$
关灯	睡觉时关 离开家时关	$P=\begin{cases} P_1 & \text{if 睡觉时} \\ P_2 & \text{if 离开家时} \\ 0 & \text{if 其他} \end{cases}$	$P_1=0.9$ $P_2=1$

人员的设备使用模式 表 3.5-3

动作	模式	数学形式	特征参数
开电脑	进屋时开	$P=\begin{cases} p & \text{if 进入房间时} \\ 0 & \text{if 其他} \end{cases}$	$P=0.6$
关电脑	睡觉时关 离开家时关	$P=\begin{cases} P_1 & \text{if 睡觉时} \\ P_2 & \text{if 离开家时} \\ 0 & \text{if 其他} \end{cases}$	$P_1=0.9$ $P_2=1$

这里重点考察在不同空调和开窗行为模式下的住宅空调能耗水平和室内热环境状况。表 3.5-4 列出了 6 种具有代表性的空调开窗模式（3 种空调模式×2 种开窗模式）。模式 1 类似于美国居民家庭的空调使用模式，即夏季全天 24h 维持室内凉爽，而且为了空气新鲜，空调运行期间也保持窗户全开以保证通风换气。模式 2 则是"人在就开、人不在就关"的空调使用模式，同时保持窗户全天开启。模式 3 与模式 2 的不同之处在于开窗模式，即"早上起床时或觉得闷时开窗、晚上睡觉前或者开空调时关窗"，这是一种相当常见的开窗行为方式。模式 4、模式 5、模式 6 是"觉得热了开、人不在就关"的空调使用模式，并具有不同的热阈值（即阈值温度），对应于不同水平的热耐受性。这些行为模式都是从我国城镇住宅的案例测试与问卷调查中获得的，其具体参数设定见表 3.5-5、表 3.5-6。需要指出，空调设定温度也是居民空调行为模式的重要特征参数之

一，不同居民个体之间差异很大，它对空调能耗也有显著影响，由于已有较多文献做过研究分析，这里就不做太多讨论，仅让各种模式的空调设定温度基本一致，从而凸显出由于行为模式不同所导致的能耗水平差异。

人员的空调和开窗行为模式　　　　　　　　　　　　　　　　　　　表 3.5-4

	模式说明	模式参数
模式 1	夏天一直开着空调和窗户，设定温度 26℃	开窗模式 I 开空调模式 A
模式 2	夏天一直开着窗户； 有人在的时候才开空调，设定温度 26℃	开窗模式 I 开空调模式 B
模式 3	起床时或觉得闷时开窗、睡觉时或开空调时关窗； 有人在的时候才开空调，设定温度 26℃	开窗模式 II 开空调模式 B
模式 4	起床时或觉得闷时开窗、睡觉时或开空调时关窗； 觉得热了（28℃）才开空调、离家时关，设定温度 26℃	开窗模式 II 开空调模式 C
模式 5	起床时或觉得闷时开窗、睡觉时或开空调时关窗； 觉得热了（29℃）才开空调、离家时关，设定温度 26℃	开窗模式 II 开空调模式 C
模式 6	起床时或觉得闷时开窗、睡觉时或开空调时关窗； 觉得热了（30℃）才开空调、离家时关，设定温度 27℃	开窗模式 II 开空调模式 C

几种开关窗行为模式的具体参数　　　　　　　　　　　　　　　　　表 3.5-5

编号	说明	概率函数
I	夏天一直开着窗户	$P_{开窗}=\begin{cases}1 & \text{if 夏天开始时}\\0 & \text{if 其他}\end{cases}$ $P_{关窗}=\begin{cases}1 & \text{if 夏天结束时}\\0 & \text{if 其他}\end{cases}$
II	起床时或觉得闷时开窗 睡觉时或开空调时关窗	$P_{开窗}=\begin{cases}1 & \text{if 起床时}\\1-e^{-(\frac{C-700}{200})^3} & \text{if 屋里闷时 }(C>700)\\0 & \text{if 其他}\end{cases}$ 其中，C 为房间内 CO_2 浓度； $P_{关窗}=\begin{cases}1 & \text{if 睡觉时}\\0.9 & \text{if 开空调时}\\0 & \text{if 其他}\end{cases}$

几种开关空调行为模式的具体参数　　　　　　　　　　　　　　　　表 3.5-6

编号	说明	概率函数
A	夏天一直开着空调	$P_{开空调}=\begin{cases}1 & \text{if 夏天开始时}\\0 & \text{if 其他}\end{cases}$ $P_{关空调}=\begin{cases}1 & \text{if 夏天结束时}\\0 & \text{if 其他}\end{cases}$
B	有人在的时候才开空调	$P_{开空调}=\begin{cases}1 & \text{if 进入房间时}\\0 & \text{if 其他}\end{cases}$ $P_{关卧室空调}=\begin{cases}0.9 & \text{if 离开家时}\\0 & \text{if 其他}\end{cases}\quad P_{关客厅空调}=\begin{cases}0.9 & \text{if 睡觉时}\\0.9 & \text{if 离开家时}\\0 & \text{if 其他}\end{cases}$

编号	说明	概率函数
C	觉得热了才开空调，离家时关	$P_{开空调}=\begin{cases}1-e^{-\left(\frac{T-u}{5}\right)^{1.5}} & \text{if 屋里热时}（T>u）\\0 & \text{if 其他}\end{cases}$ 其中，T 为房间干球温度，u 是热阈值； $P_{关卧室空调}=\begin{cases}0.9 & \text{if 离开家时}\\0 & \text{if 其他}\end{cases}\quad P_{关客厅空调}=\begin{cases}0.9 & \text{if 睡觉时}\\0.9 & \text{if 离开家时}\\0 & \text{if 其他}\end{cases}$

在开关窗模式 II、开关空调模式 C 中，开窗动作、开空调动作分别与室内 CO_2 浓度、室内干球温度有关，其概率函数曲线如图 3.5-2 所示。即：随着室内 CO_2 浓度的升高，开窗概率增大；随着室内温度的升高，开空调概率增大，且热阈值越高，同等高温下的开空调概率越大。可以从上述 5min 步长的动作概率计算得到小时步长的动作概率，从而与相应的阈值模型（如基于 CO_2 浓度限值的开窗行为、基于容忍温度的开空调行为）进行直观量化的比较。根据动作发生概率的含义，$P_{1h}=1-(1-P_{5min})^{12}$，可得：人员在 800ppm 环境下逗留 1h 的开窗概率为 0.78；热阈值为 28℃时，在 30℃环境下逗留 1h 的开空调概率为 0.95；热阈值为 29℃时，在 30℃环境下逗留 1h 的开空调概率为 0.66。可见，与简单阈值模型相比，动作概率模型能够更为充分考虑动作发生的随机情况。

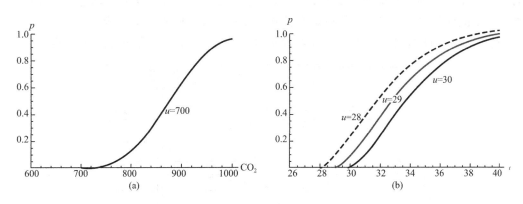

图 3.5-2　开窗和开空调的动作概率函数（5 min 步长）
（a）闷了开窗；（b）热了开空调

3.5.3　研究结果

通过模拟计算，可以获得该住户各个房间的人员作息、照明与设备作息、空调与开窗作息，以及室内温度、湿度、照度、CO_2 浓度等环境状况。

1. 人员、照明与设备作息

人员移动的模拟结果包括人员位置、活动状态、房间人数、移动事件等逐时信息，一方面构成人员各项动作发生的基础条件，另一方面又形成室内的人员发热量。该住户的人员移动模拟结果如图 3.5-3、图 3.5-4 所示。

图 3.5-3 给出男户主在某工作日的房间位置及其活动状态，其中的活动状态时序图

中，1表示人员处于清醒（活动）状态，0表示人员处于睡眠（非活动）状态，只有在清醒状态下，才会发生随机移动和位置变化。从图3.5-3中可以看出，男户主白天外出上班，晚上回家吃饭、活动、直至睡觉的日常生活规律。

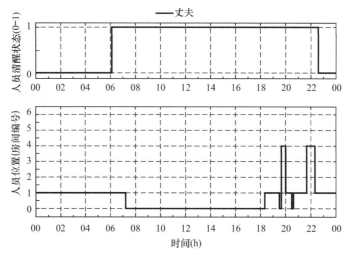

图3.5-3　人员所在房间位置及其活动状态

　　图3.5-4给出各主要功能房间在某工作日的人数变化情况。由于人员在室内外随机移动，各个房间的人数也随之发生变化，并且相互之间保持紧密关联（即总人数守恒）。图3.5-4也从总体上反映出该住户家庭成员白天外出（上班或上学）、晚上回家（做饭、吃饭、睡觉）的基本生活作息。而这些都是本节人员移动模型所导出的必然结果。

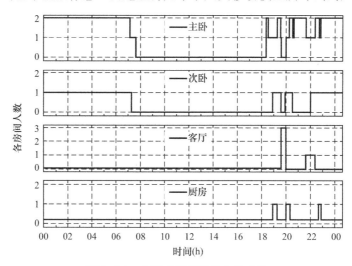

图3.5-4　主要功能房间的人数变化

　　完成人员移动模拟之后，可进行室内照明与设备作息的模拟。照明与设备使用行为的模拟结果包括照明灯具和设备的运行状态（开着或关着）以及室内照度等逐时信息。根据它们的运行状态和功率，又可计算出室内的照明和设备发热量。由于设备作息相对简单，这里仅以照明作息结果进行说明。图3.5-5给出主卧和客厅在某工作日的照明作息及室内照度变化情况，可以看到，模拟结果遵循人员"觉得暗了开灯、睡觉或离家时

"关灯"的行为规律。应当指出，所有房间的照明或设备作息都是该住户三名成员共同作用的结果。

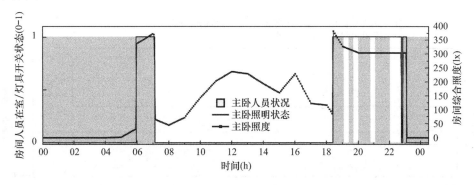

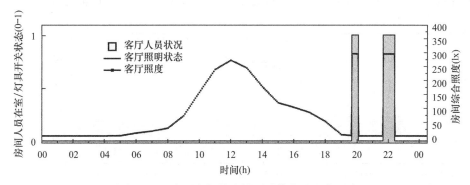

图 3.5-5　主要房间的人员照明作息及室内照度

2. 空调与开窗作息

在上述人员、照明、设备等模拟结果的基础上，分别对表 3.5-4 所示的 6 种空调开窗行为模式进行模拟计算，分析和比较它们所对应的空调运行作息及空调能耗差异。

空调与开窗行为模拟得到的逐时结果包括空调运行状态（开关状态、供冷量、耗电功率）、窗户开关状态，以及室内温度、湿度、CO_2 浓度等信息。图 3.5-6、图 3.5-7 分别展示了在模式 1（空调 24h 连续运行、窗户连续开）和模式 4（空调间歇运行、窗户间歇开启）下主卧房间的详细输出结果。从中可以清楚地看到两种空调和开窗行为的模式规律以及它们对空调窗户运行及室内环境所产生的影响。模式 1 是"全时间、全空间"的空调运行方式，其特点是，不论人在与否，房间始终维持在不超过 26℃；同时窗户一直开启，房间 CO_2 浓度始终维持在较低水平，夜间不会超过 800ppm。模式 4 则是一种"部分时间、部分空间"的空调运行方式，其特点是，只在房间有人且觉得热的时候才开启空调，开启后房间温度才降到 26℃，人离开房间时则关闭空调；同时窗户在晚上睡觉时关闭，夜间室内 CO_2 浓度会逐渐升高，直至早晨起床开窗前达到最高（约 1500ppm），开窗之后 CO_2 浓度则会迅速降低。在图 3.5-7 中，我们选择了气温相似的两天的结果，可以看出，"热了开空调"不仅与环境温度有关（热阈值 28℃），而且表现出显著的随机性，即每次在人员进房间之后、开启空调之前，总会经历一段时间（耐受时长）。应该说，这些模拟结果所表现的建筑系统运行场景与在实际住宅里发生的情况看上去是非常相似的。简言之，这些结果再现了所输入设定的空调开窗行为的模式规律，并且给出建筑系统运行的详细、精确的动态过程，从而为用能行为及其影响的定量分析提供了详实可靠的依据。

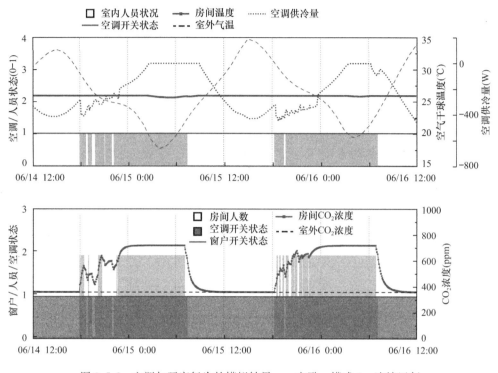

图 3.5-6　空调与开窗行为的模拟结果——主卧、模式 1、连续运行

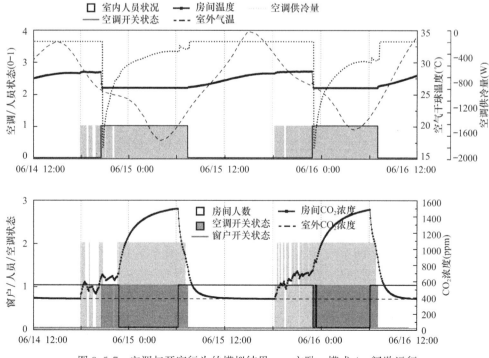

图 3.5-7　空调与开窗行为的模拟结果——主卧、模式 4、间歇运行

3. 不同行为模式空调时长及能耗的对比分析

通过上述结果的对比分析，就能够清楚地看到在不同的空调与开窗行为模式下空调运行时间与空调能耗的差异。

图 3.5-8、图 3.5-9 分别给出几种模式下主卧房间在典型日和整个夏季的空调运行情况。与模式 1 的空调全天连续运行相比，模式 2 和模式 3 的空调只在房间有人时开启，空调运行时间大为减少。与模式 2 和模式 3 相比，模式 4、模式 5、模式 6 的空调是在房间有人且觉得热时开启，空调运行时间又进一步缩短；而随着阈值温度的提升（模式 4 是 28℃，模式 5 是 29℃，模式 6 是 30℃），空调的使用时间、频次都大大减少。

图 3.5-10 汇总比较了各种模式下住宅全年的空调能耗及各个房间的空调运行时长。以朝南的主卧房间为例，在模式 1 下，其空调运行时长大约 3000h；模式 2 和模式 3 下

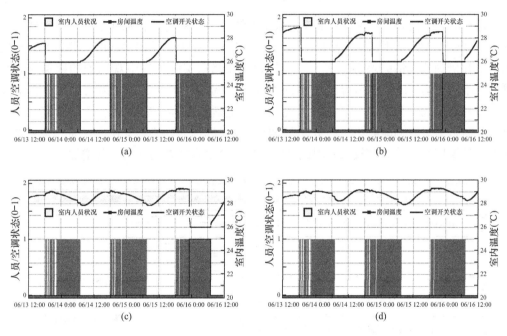

图 3.5-8 各种模式下主卧房间的典型日空调运行情况
(a) 模式 3；(b) 模式 4；(c) 模式 5；(d) 模式 6

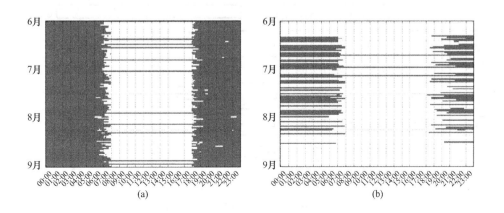

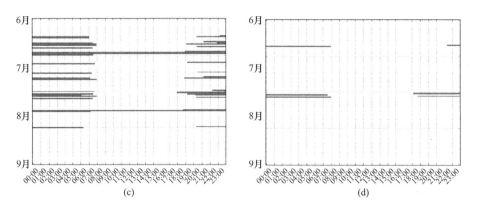

图 3.5-9　各种模式下主卧房间的夏季空调运行状况
(a) 模式 3；(b) 模式 4；(c) 模式 5；(d) 模式 6

空调运行时长大约是 1700h，比模式 1 减少了约一半；模式 4 下则约为 600h，模式 5 下约为 200h，模式 6 下则仅仅约为 40h，几乎接近不开空调；不同模式的空调运行时长之间有着几倍到几十倍的差别。这一结果与我们在北京实际住宅中观测到的数据大致相符。而不同的运行时长也就导致了不同模式的空调能耗水平之间几倍甚至几十倍的差距。另外，模式 2 和模式 3 下的空调能耗没有显著的差异，表明对本研究住宅案例来讲，开窗行为对空调能耗不会产生太大影响，这是因为人一般晚上在家，而北京夏季夜间的室外温度大多数时候较低，因此开窗通风不会带来空调能耗的显著增加。

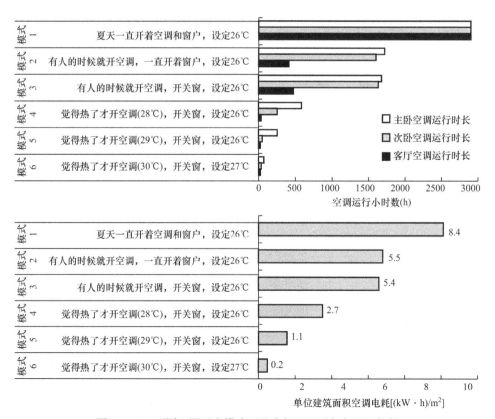

图 3.5-10　不同空调开窗模式下的房间空调时长与空调能耗

从上述结果可以看出，人的行为对住宅空调能耗确实有着重要且显著的影响，而通过用能行为模拟，则可以清晰展现并有效解释不同空调开窗模式及其能耗水平的巨大差异。

3.5.4 小结

通过上述住宅案例研究，利用应用用能行为模拟技术，定义和比较分析了6种不同空调和开窗模式下的空调运行作息及其能耗差异。计算结果表明，同样是使用分体空调，不同的用能行为模式会表现出显著不同的空调能耗水平。这就从定量角度印证与解释了实际观测中所发现的——行为模式的不同是造成实际居民家庭空调用电量巨大差别的主要原因。

参考文献

［1］ 李兆坚，江亿，魏庆芃. 环境参数与空调行为对住宅空调能耗影响调查分析［J］. 暖通空调，2007，37（8）：67-71.

［2］ 李兆坚. 我国城镇住宅空调生命周期能耗和资源消耗研究［D］. 北京：清华大学，2007.

［3］ 简毅文. 住宅热性能评价方法的研究［D］. 北京：清华大学，2003.

［4］ 清华大学 DeST 开发组. 建筑环境系统模拟分析方法：DeST［M］. 北京：中国建筑工业出版社，2006.

［5］ 王闯. 有关建筑用能的人行为模拟研究［D］. 北京：清华大学，2014.

［6］ Wang C，Yan D，Jiang Y. A novel approach for building occupancy simulation［J］，Building Simulation，2011，4（2）：149-167.

［7］ 王闯，燕达，丰晓航，等. 基于马氏链与事件的室内人员移动模型［J］. 建筑科学，2015，31（10）：188-198.

［8］ Ren X，Yan D，Wang C. Air-conditioning usage conditional probability model for residential buildings［J］. Building & Environment，2014，81（7）：172-182.

［9］ 王闯，燕达，孙红三，等. 室内环境控制相关的人员动作描述方法［J］. 建筑科学，2015，31（10）：199-211.

［10］ Wang C，Yan D，Sun H，et al. A generalized probabilistic formula relating occupant behavior to environmental conditions［J］. Building and Environment，2016，95：53-62.

3.6 住宅用电行为特征的调研分析

3.6.1 研究对象

为掌握住宅建筑中各类用能设备的使用特征，进一步揭示住户用能行为规律，为住宅用能分析和能耗模拟积累用能行为的基础数据，本研究选取了夏热冬冷地区一典型省会城市的 73 户家庭进行住户用能行为的问卷调查，以及夏热冬冷地区某典型住户进行长期监测，对住宅供暖、空调、照明、家用电器、炊事等各类用能行为进行了数据收集和特征分析。

3.6.2 问卷调研与结果分析

对于问卷调研，从该省会城市选取不同地理位置的住宅小区，通过随机抽样选取住户。问卷调研的内容包括家庭成员结构、典型日在室情况、照明、空调、供暖、炊事热水、家用电器等设备的拥有情况、上述各类设备的用能行为以及用能行为的驱动力等[1,2]。考虑到入户调研数据收集的困难性和指标重要性之间的平衡，对于供暖、空调、通风等用能行为模式，问卷定义了"所有空间、所有时间""所有空间、部分时间""部分空间、所有时间""部分空间、部分时间"等模式供住户选择；对于热水的使用，提供"全天连续运行""部分时间内运行"两种使用模式供住户选择；对于使用时间的调研，对于使用时间长的电器及炊事设备，请住户填写典型日内使用的平均小时数；而对于一些使用时间较短或使用频率较低的家用电器，仅需使用"典型日/周的平均使用次数"和"每一次的使用时间"来描述其使用情况[2,3]。

1. 空调用能行为调查分析

所有被调查家庭的空调都是在"部分空间，部分时间"的模式下运行。图 3.6-1 展示了冬夏两季住户空调每周平均使用的天数和每天使用的平均小时数。研究发现，超过 60% 的家庭每天都使用空调，而剩下 40% 的家庭为了节约运行费用，试图减少空调的使用。住户冬夏两季空调的设定温度情况分别如图 3.6-2（a）和（b）所示。由图可知，冬季有 56% 的住户将空调温度设置在 22~24℃ 之间，夏季有 49% 的住户将空调温度设置在 24~26℃ 之间[2]。

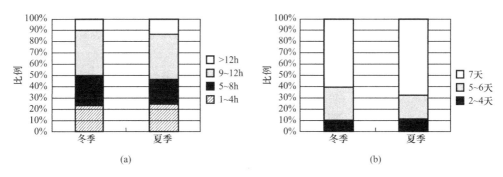

图 3.6-1　冬夏两季空调的使用情况

(a) 每周使用天数；(b) 每天使用小时数

2. 照明用能行为调查分析

所有住户的照明也遵循"部分空间，部分时间"的使用模式。76% 的住户每天照明时间 5~7h，8% 的住户每天照明大于 7h，还有 16% 的住户每天照明小于 5h。照明时段以 17：00~22：00 居多[2]。

3. 热水用能行为调查分析

热水器以部分时间模式运行，主要为洗澡提供热水，还用于洗碗和洗手等其他用途。调查数据表明，家庭成员通常每周洗澡 2~3 次，冬季每次平均 20~30min，夏季每次平均 15~20min。除洗澡热水之外，冬季，近 60% 的被调查住户需要热水用于其他用途，且每天使用 0.3～3h。对于夏季，由于天气炎热，仅 24% 的被调查住户需要热水用作除洗澡外的其他用途，并且每天只用 0.1～2h[2]。

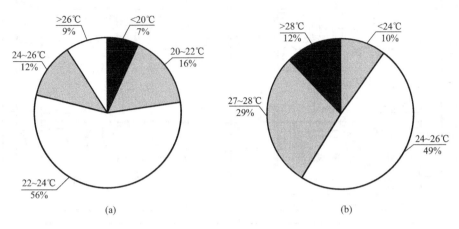

图 3.6-2　冬夏两季空调设定温度
(a) 冬季空调设定温度比例；(b) 夏季空调设定温度比例

4. 其他电器用能行为调查分析

除上述电器之外，住户家中还有使用频率高或者使用时间长的冰箱、电视，以及使用时间短或者使用频率低的微波炉、电压力锅和洗衣机。其中，冰箱和电视每户的拥有量超过 1 台，其他电器户均 1 台。电器的户均功率和运行模式如表 3.6-1 所示[1,2]。

住户家中其他家用电器的使用情况　　　　　　　　　　　　　　表 3.6-1

类型	项目	每户家庭平均拥有设备数量	平均功率	作息时间表（73 户家庭的平均值）
使用时间长的电器	冰箱	1.3	723W/户	24h/天
	电视	1.8	108W/户	11h/天
使用时间短或者使用频率低的电器	微波炉	1	874W/户	5.3 次/周，0.08h/次
	电压力锅	1	720W/户	2.2 次/周，0.5h/次
	洗衣机	1	228W/户	3.8 次/周，0.68h/次

3.6.3　典型住户实测与结果分析

在此基础上，进一步选取夏热冬冷地区某典型住户进行长期监测，实测时间为 2014 年 12 月 1 日至 2015 年 8 月 31 日。建筑类型为砖混结构多层住宅，家庭成员 3 人，分别为一对老年夫妇和一位青年女儿。老年夫妇退休常年在家，青年女儿工作忙碌，早出晚归。图 3.6-3 是该住宅的建筑平面图，为两室一厅一厨一卫，其建筑面积为 90m²。表 3.6-2 为监测参数及所用仪器信息汇总表，其中以 5min 步长记录室内外温湿度情况，5min 步长记录室内光照强度，以 1min 步长记录电器运行状态，并记录每次开关灯动作的发生时间[4]。

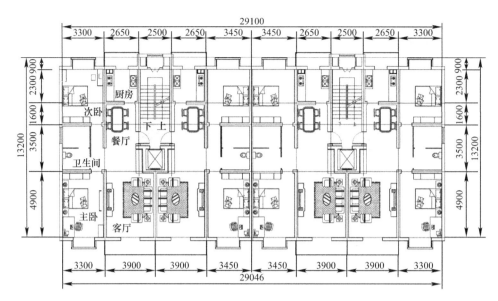

图 3.6-3　住宅建筑平面图

监测参数及所用仪器信息汇总表　　　　　　　　　　　　　　　　表 3.6-2

房间	环境参数监测		电器运行状态监测	
	环境参数	测试仪器	自记仪类型	被测电器
主卧	温湿度	温湿度自记仪	智能电量自记仪	电视机、台式电脑、空调
	照度	照度自记仪	灯光开关自记仪	电灯
次卧	温湿度	温湿度自记仪	智能电量自记仪	空调、笔记本电脑
	照度	照度自记仪	灯光开关自记仪	电灯
厨房	—	—	智能电量自记仪	饮水机、电饭煲、油烟机、电冰箱
卫生间	—	—	智能电量自记仪	洗衣机、热水器
室外	—	温湿度自记仪	—	—

1. 空调用能行为统计分析

图 3.6-4 统计了典型实测住户不同房间夏季空调使用的逐时比例。由图可知，该住户空调用能行为比较节俭，逐时空调使用比例较低。白天 9：00～14：00 空调几乎不使用，这主要是因为女儿白天上班，两位老人上午外出买菜，同时该阶段老人使用电扇提高热舒适，室内温度在可以接受的范围内。下午 14：00 室温比上午明显升高，开始逐渐使用空调，其使用概率在 5%～20% 之间。各房间的空调在夜间使用概率较白天明显偏高，表明空调使用主要用于改善夜间睡觉的热舒适度。从夜间 23：00～早晨 7：00，主卧（父母房间）各小时空调使用概率均超过 35%，次卧（女儿房间）在 22：00～24：00 使用概率超过 35%，而 7 点之后则低于 25%，而在白天 9：00～14：00 时间段，两个房间空调基本都处于关闭状态，14：00 之后偶尔使用空调[4,5]。

2. 照明用能行为统计分析

主卧各季节照明设备使用时长都相对集中在 4～6h，但每个季节存在差异，冬季 7～9h 使用时长的比例超过 40%，而 1～3h 使用时长的比例不超过 10%，夏季和过渡季节使用比例相差不大，但春季1～3h短时间照明比例比夏季高，7～9h的长时间照明比例比夏季低。总体而言，日平均照明时长的排序为冬季＞夏季＞过渡季。次卧不同季节照明设备日均使用小时数差异较大，冬季日照明使用时长主要分布在4～9h范围内，1～3h所占比例不超过5%，而春季1～3h所占比例超过50%，长时间的照明比例则大幅下降，夏季1～3h所占比例达到70%左右，7～9h所占比例则小于10%。总体而言，次卧不同季节照明特征非常明显，其日均时长排序为冬季＞过渡季＞夏季[4,5]。

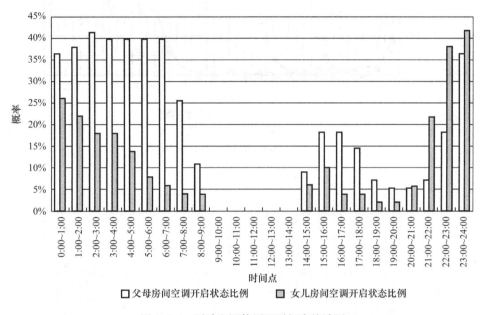

图 3.6-4　夏季空调使用逐时概率统计图

图3.6-5显示各季节典型日内不同房间照明设备使用的逐时概率[4,5]。从图3.6-5（a）可知，主卧各季节典型日的逐时照明变化趋势基本相似，在3：00～15：00时间范围内，室内照明设备几乎处于关闭状态，而从15：00开始，照明设备使用概率逐渐升高。在19：00～20：00这一小时内，由于家中成员外出散步，这一小时的照明概率明显降低，该情况在夏天更为明显。此外，在21：00～23：00，照明使用概率达到峰值，均值为90%左右，此后出现大幅降低，可以推断该时间段住户逐渐进入睡眠状态，且春季睡眠时间点最早，夏季睡眠时间点最晚。图3.6-5（b）反映次卧各季节典型日的逐时照明情况。除15：00～18：00时间段照明比例比主卧小之外（和该住户青年女性下班回到家的时间较晚有关），总体运行规律与主卧相似，且冬季较其他两季照明设备使用的时间更长。

3. 热水用能行为统计分析

该住户的生活热水主要由热水器提供。选取2015年6月1日至2015年6月29日实验数据进行分析。图3.6-6显示了测试时间段内热水器逐日的使用小时数及均值，其中热水器日平均使用小时数为1.55h，每日使用小时数围绕均值上下浮动。典型日内，热水器的使用有两个高峰，小高峰出现在早上6：00～8：00，主要用于洗漱热水，另一个大高峰出现在晚上19：00～21：00，达到60%，主要用于洗碗、洗澡等活动[4,5]。

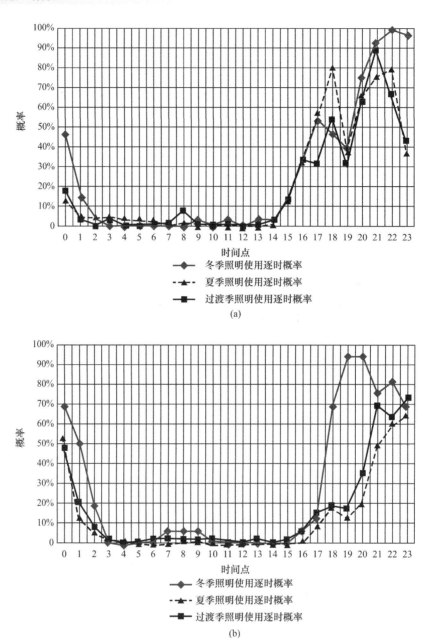

(a)

(b)

图 3.6-5　各季节照明使用的逐时概率统计

（a）主卧；（b）次卧

4. 炊事用能行为统计分析

油烟机和电饭煲是该住户家中的主要炊事家用电器。分析两个用电设备的全年数据发现，该家庭几乎每天都使用电饭煲和油烟机，且各月差异性不明显，因而截取时间段2015 年 6 月 1 日至 2015 年 6 月 29 日实验数据进行分析。图 3.6-7 展示了油烟机、电饭煲分析时间段内每日使用小时数及均值，由图可见电饭煲、油烟机每天都会使用，但使用时长较短，其中电饭煲的日平均使用小时数为 0.45h，油烟机的日平均使用小时数为

0.98h。进一步分析电饭煲及油烟机在典型日内的逐时使用概率可知，电饭煲的使用峰值出现在三个时间点，分别为 6：00、11：00、17：00。油烟机的使用峰值出现 10：00～12：00 和 16：00～18：00。炊事电器的使用统计结果符合日常生活规律[4,5]。

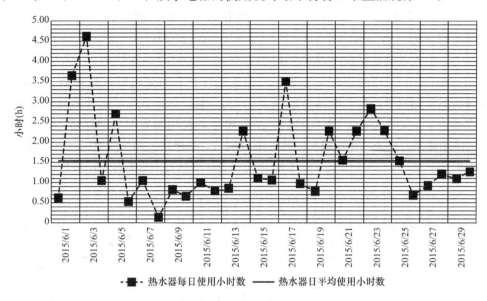

图 3.6-6 热水器每日使用小时数及均值

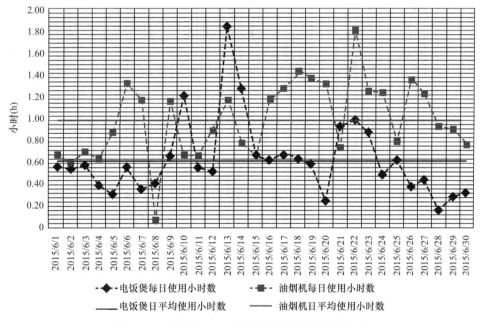

图 3.6-7 油烟机、电饭煲每日使用小时数及均值

5. 娱乐设备用能行为统计分析

娱乐能耗包括电视机、台式电脑和笔记本的使用，其中电视机和台式电脑放置在老年夫妇房间，笔记本放置于青年女性房间。分析该类设备的全年数据发现，电视机及电脑的使用规律在不同月份差异不明显，因而截取时间段 2015 年 6 月 1 日至 2015 年 6 月

29 日实验数据为对象进行分析。

分析电视机、台式电脑、笔记本日使用小时数的比例分布情况发现，三类设备在 60% 的时间内每天使用小时数均在 6h 以下，而笔记本的使用时间略短于台式电脑。图 3.6-8 显示电视机、台式电脑、笔记本在典型日内的使用逐时概率。电视机的使用概率峰值出现在两个时间段，分别是 11：00~13：00 和 16：00~22：00，其概率值在 30% 以上；台式电脑使用概率峰值同样出现在两个时间段，分别是 8：00~10：00 和 17：00~23：00，其概率值在 30% 以上；白天电视机和台式电脑的使用概率相近，夜间电视机的使用概率较台式电脑明显偏高；同时，受该住户成员晚上外出散步习惯的影响，在晚上 19：00~20：00 时间段内，两种电器的使用都有明显的降幅。关于笔记本的逐时使用概率，白天的使用概率较低，在 10%~20% 浮动，而夜间使用概率较高，其峰值出现在 20：00~1：00 时间段内，这是因为该青年女性晚上经常使用电脑加班[4,5]。

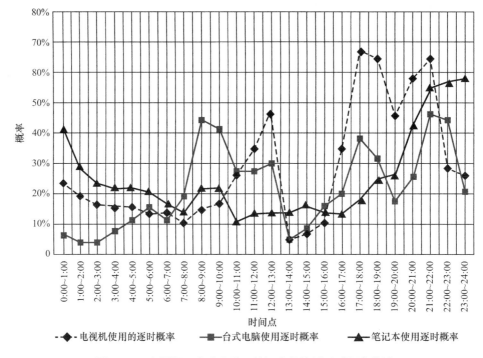

图 3.6-8　电视机、台式电脑、笔记本的使用逐时概率统计

3.6.4　小结

通过问卷调研和住户长期实测，对夏热冬冷地区住宅空调、照明、热水、炊事、娱乐等设备用能特征进行了分析。供暖空调采取"部分时间、部分空间"的使用模式，大部分的住户冬夏两季每天均使用空调，但仍有部分住户为了节约运行费用试图减少空调的使用。90% 的住户每天空调运行时间在 12h 以下。76% 的住户每天照明时间 5~7h，照明时段以 17：00~22：00 居多。热水主要用于洗澡、洗碗和洗手等用途。调查数据表明，家庭成员通常每周洗澡 2~3 次，每次在半小时以内，冬季每次时间略长于夏季。典型住户实测表明，热水使用典型日内有两个高峰，小高峰出现在早上 6：00~

8：00，主要用于洗漱热水，大高峰出现在晚上 19：00～21：00 主要用于洗碗、洗澡等活动。油烟机、电饭煲、冰箱是住户家中的主要炊事家用电器。冰箱全年长期使用。电饭煲和油烟机每天都会使用，但使用时长较短，实测住户数据表明电饭煲的日平均使用小时数为 0.45h，油烟机的日平均使用小时数为 0.98h。电饭煲的使用峰值出现在三个时间点，分别为 6：00、11：00、17：00。油烟机的使用峰值出现在 10：00～12：00 和 16：00～18：00。此外，微波炉、电高压锅等炊事设备使用频率低、使用时间短。电视机和电脑为当前住户常用的娱乐设备。

参考文献

［1］ 陈淑琴. 基于统计学理论的城市住宅建筑能耗特征分析与节能评价［D］. 长沙：湖南大学，2009.

［2］ Chen S Q，Yang W W，Yoshino H，et al. Definition of occupant behavior in residential buildings and its application to behavior analysis in case studies［J］. Energy and Buildings，2015，104：1-13.

［3］ Chen S Q，Mark D L，Yoshino H，et al. Total energy use in buildings：Analysis and evaluation methods［M］. Institute for Building Environment and Energy Conservation，2013.

［4］ 潘阳阳. 居住建筑人员用能随机行为模型研究［D］. 杭州：浙江大学，2017.

［5］ 潘阳阳，葛坚，陈淑琴. 杭州市典型住户用能行为实测分析［J］，建筑与文化，2017，158：142-158.

3.7 住宅用电行为及能耗影响研究

3.7.1 研究对象

本研究对象为 3.2 节住宅能耗调查中 3 个生活用电量不同的住户，住户 1 和住户 3 的家庭结构为父母和女儿，住户 2 的家庭结构为父母、奶奶和儿子。各住户在 2009 年 5 月 17 日（周一）至 23 日（周日）一周内日用电量的变化如图 3.7-1 所示。

上述 3 个住户都呈现出工作日和周末用电水平不同的特点，周末用电量要高于工作日。另一方面，不同住户的用电水平差异明显，工作日中，住户 1、住户 2 和住户 3 的日用电量范围分别为 7～9kW·h、10～13kW·h 和 2～3kW·h，3 个住户休息日的日用电量范围分别为 11～12kW·h、15～17kW·h 和 3～4kW·h。

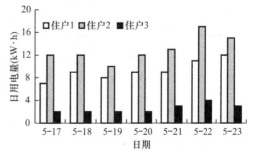

图 3.7-1 住户实际日用电量的变化

3.7.2 研究方法

采用问卷调查、用电数据现场采集和实测相结合的方法研究住户的生活用电行为及其对住宅生活用电能耗的影响状况。

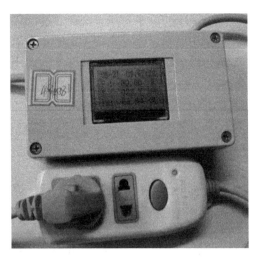

图 3.7-2　电力测定器

首先，采取人工读电表的方式，在 2009 年 5 月 17 日（周一）至 5 月 23 日（周日）的一周时间内，逐日采集各住户的用电量，同时，调查各住户家用电器的拥有状况，包括住宅各房间内照明灯具和家用电器的型号、数量及其额定功率；其次，鉴于住户工作日和休息日生活作息不同的特点，问卷调查分别获得各住户工作日和休息日对照明灯具、家用电器使用状况的基本描述；再有，采用电力测定器对各住户的主要家用电器在足够的运行时间或 1 个运行周期内每隔 1min 测试记录用电量，电力测定器如图 3.7-2 所示。

根据上述的调研测试数据，由住户所反映的照明灯具和家用电器的型号、数量及其使用运行时间、主要家用电器用电量的动态测试数据，首先计算得出各个住户的日用电量，并将此与住户实际的日用电量相互比较。如果计算与实际的日用电结果基本相同，则明确住户所描述工作日和休息日生活用电行为的真实性和可信性，由此分析比较不同住户的生活用电行为状况及其对住宅生活用电能耗的影响。

3.7.3　研究结果

1. 生活用电行为分析

由于生活作息的变化，住户在工作日和周末休息日内对照明灯具和家用电器呈现不同的使用状况，但又各自相对稳定。各个住户日耗电量的变化印证了住户上述的反映。

于是，问卷调查获得住户在工作日和周末休息日对照明灯具和家用电器使用时间长短的信息描述，具体见表 3.7-1 所示。

3 个住户对照明灯具和家用电器的使用状况　　　　　　　　表 3.7-1

房间	用电器具名称	工作日灯具及用电器具使用时间			周末灯具及用电器具使用时间		
		住户 1	住户 2	住户 3	住户 1	住户 2	住户 3
客厅	灯	1h/d	4h/d	4h/d	1h/d	4h/d	6h/d
	电视	7.5h/d	5h/d	7.5h/d	9h/d	8h/d	11.5h/d
	电冰箱	24h/d			24h/d		
	电冰柜	24h/d			24h/d		
	饮水机		12h/d	0.2h/d		12h/d	0.2h/d
	鱼缸	24h/d		4h/d	24h/d		4h/d
主卧	灯	1h/d	3h/d	1h/d	1h/d	3h/d	1h/d
	电视	2h/d			2h/d		
次卧 1	灯	0.5h/d	3h/d	0	0.5h/d	3h/d	2h/d
	电视		8h/d			8h/d	
次卧 2	灯	1h/d	2h/d	1h/d	4h/d	2h/d	1h/d
	电脑	2h/d	1h/d	1h/d	12h/d	10h/d	2h/d

房间	用电器具名称	工作日灯具及用电器具使用时间			周末灯具及用电器具使用时间		
		住户 1	住户 2	住户 3	住户 1	住户 2	住户 3
卫生间	灯	1h/d		1h/d	1h/d		1h/d
	洗衣机	1 次/d	0~1 次/d	0~1 次/d	1 次/d	0~1 次/d	0~1 次/d
	浴霸		1h/d			1h/d	
厨房	灯	4h/d	1h/d	1h/d	4h/d	1h/d	1h/d
	电饭煲	0.5h/d	0.5h/d	0.5h/d	0.5h/d	9h/d	1h/d
	电冰箱		24h/d	24h/d		24h/d	24h/d
	微波炉	0~0.2h/d	0~0.2h/d	0~0.2h/d	0~0.2h/d	0~0.5h/d	0~0.2h/d
	烤箱		0			0.5h/d	
	油烟机	1h/d	0.2h/d	0.5h/d	1h/d	0.6h/d	1h/d
	热水器	1h/d	12h/d		1h/d	12h/d	

住户 1 的家用电器较多，如由于电冰箱陈旧、制冷效果不佳等原因，住户多购置一电冰柜。此外，相比较工作日，电视，尤其电脑在周末的使用时间明显延长。

住户 2 的电器数量多，而且使用时间长，尤其电热水器和饮水机全天保持开启运行状态，以维持水温的恒定，卫生间内的浴霸当做照明灯具使用。同样，相比较工作日，电脑、电视以及厨用电器在周末的使用时间明显延长。

住户 3 主要使用的家用电器是电视，饮水机只在早上开启，至桶内水烧开后关闭。相比较工作日，电视、照明灯具和厨用电器在周末的使用时间略有所延长。

2. 电器用电量的动态测试

采用电力测定器对住户主要家用电器用电量进行连续测试和记录，以定量了解和把握家用电器用电的特性。对于本研究的 3 个住户，选择家用电器包括冰箱、电视、电脑、洗衣机、电热水器、电饭锅、饮水机、鱼缸、烤箱等，图 3.7-3 表示出上述家用电器在 1~2h 或 1 个运行周期内实际功率的变化。

可以看出，家用电器实际的运行功率在很大程度上取决于电器设备的型号及其运行方式。住户 1 鱼缸加氧泵的工作模式明显提高其电耗；对于住户 2，为维持电热水器和饮水机温度的恒定，其电加热装置总是处于反复启停的状态，电热水器和饮水机的电功率在 0 和某个数值之间阶跃变化；住户 1 燃气热水器的电功率则相对很低，且通电时间短；住户 3 洗衣机的运行周期长，用电量明显加大；3 个住户中电视的功率也差异明显。冰箱、冰柜以及电脑的电耗差异还反映出设备运行方式的影响，由于冷冻冷藏食品容量的不同，住户 1 冰箱、冰柜的启停时间间隔明显低于其他住户。住户 1 台式计算机电功率高于其他住户的笔记本电脑，而且其在游戏程序运行状态下的电功率明显高于普通文档处理时的电功率。此外，测试结果还表示住户 2 电烤箱的平均功率为 870W，电饭锅的功率在 500~600W 之间。

3. 不同行为下的用电量对比

得到各住户家用电器实际运行功率后，再根据住户对照明灯具和家用电器运行时间长短的描述，可对 3 个住户工作日和休息日的日用电量进行分析推算，图 3.7-4 直观反映并比较出 3 个住户在工作日和休息日照明灯具及家用电器的耗电状况。

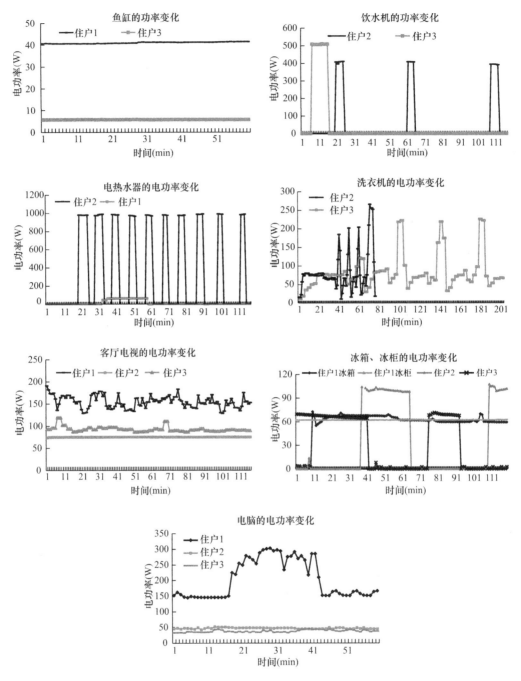

图 3.7-3　家用电器电功率的动态变化

住户 1、住户 2 和住户 3 工作日生活用电量的计算值分别为 7.7kW·h、11.0kW·h 和 3.8kW·h，同样得出 3 个住户休息日的生活用电量的计算值分别为 10.8kW·h、16.4kW·h 和 3.6kW·h。于是，各个住户日用电量计算值基本在其实际的变化范围内。因此，住户所反映的有关照明灯具和家用电器使用状况的生活用电行为基本是客观和真实的。

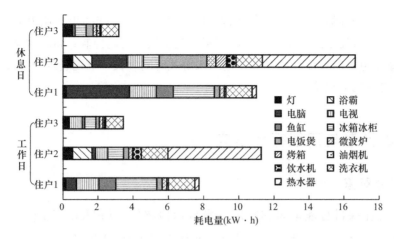

图 3.7-4　3 个住户工作日和休息日照明灯具和家用电器的日用电量

3 个住户相比较，住户 1 的生活用电水平介于住户 2 和住户 3 之间，工作日的日用电量为 7～9kW·h，休息日要高出 3～4kW·h，等价月用电量近300kW·h。其中，冰箱、冰柜和鱼缸打氧泵这三个 24h 全天运行电器的日耗电量就达到了 3.3kW·h，占工作日生活用电量的 40% 以上；相比较工作日，休息日的电脑运行游戏时间由 2h 增加到 12h，导致此项耗电量占休息日生活用电总量的 30% 以上。如果住户通过家电以旧换新政策重新购置节能冰箱、停用或少用鱼缸打氧泵以及控制电脑游戏时间，则该户住宅的日用电量将保持在 6kW·h 左右，月用电量不超过 200kW·h。

住户 2 的生活用电能耗最高，工作日和休息日的用电量分别为 10～12kW·h 和 15～17kW·h，等价月用电量 400kW·h。分析数据可发现，电热水器和浴霸的耗电量高达 6.4kW·h，分别占工作日和休息日用电量的近 60% 和 40%。导致此不合理能耗结构的主要原因在于住户不良的用电习惯，电热水器全天处于开启状态，并将高功率的浴霸用作照明灯具。对此，建议住户优化电热水器运行，做到需要时开启。此后的耗电数据采集结果表明，改变电热水器的运行方式将降低日耗电量 4.2kW·h。因此，如果住户在卫生间安装普通照明灯具，手动控制电热水器，对饮水机做到不用时断电，则可以减少 6kW·h 左右的日用电量。这样，住户的月用电量不会超过250kW·h。

相比较以上 2 个住户，住户 3 的用电水平较低，工作日和休息日的日用电量分别保持在 2～3kW·h 和 3～4kW·h，等价月用电量不足 100kW·h。导致该用电结果的原因主要在于该住户良好的生活用电习惯。首先，对于常用的家用电器，住户选择能效比高的设备，如电冰箱、电视机的实际运行功率相对较低，住户选用燃气热水器，提高了能源利用的品质；其次，住户对某些家用电器能做到随时关闭，如饮水机和鱼缸泵只在需要时接通电源；再有，住户使用电脑主要用于文档处理，相比较住户 1 电脑的游戏运行状态，这可使电脑 CPU 保持低速运转，从而降低用电量。

3.7.4　小结

通过以上 3 个住户照明灯具和家用电器工作日和休息日生活用电量的分析比较，可以看出住户用电行为对生活用电能耗的重要影响和作用。对家用电器不合理的选择和使用（如冰箱的制冷性能低效，将浴霸用着照明灯具），不合理的生活用电习惯（如对电热水器和饮水机等设施缺乏手动操作和控制，完全依赖自动控制；鱼缸水泵的全天连续运行等），家用电器的过度使用（如用电脑玩游戏时间过长，电视娱乐时间过长），将会导致生活用电量的明显增加。

3.8　智能计量与用能行为研究

3.8.1　研究对象

本研究旨在探讨智能电表和家用电量显示检测仪（In-Home Display，以下简称 IHD，如图 3.8-1 所示）的使用在上海地区对住宅建筑节电的潜在影响。通过这个试点研究，发现了 IHD 在中国地区使用的优势和缺陷，有助于生产商优化产品性能，使 IHD 的操作更加方便稳定[1]。表 3.8-1 是位于上海地区 IHD 试点项目的详细信息，测试样本为住宅建筑，平均面积 $60.24m^2$ 和 $50.25m^2$ 的两类经济型公寓（图 3.8-2）。

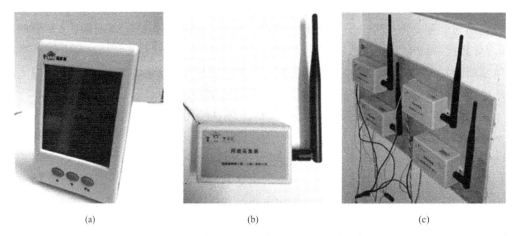

（a）　　　　　　　　　　（b）　　　　　　　　　　（c）

图 3.8-1　智能电表示家用电量显示检测仪

（a）家用电量显示检测仪 IHD；（b）用电智能采集器；（c）现场安装图

IHD 试点项目的详细信息　　　　　　　　　　表 3.8-1

项目	公寓 I	公寓 II
名称	尚景园	馨越公寓
地址	上海市杨浦区国权北路 1450 弄	上海市普陀区千阳南路 99 弄
面积（m²）	69.24	50.25
用户数量	40	91
非 IHD 用户	20	56
IHD 用户	20	35
每户成员人数	2～3	2～3
平均人数	34	36
用户年收入（CNY）	100000～150000	100000～150000
每层智能电表数量	4	4
每层 GPRS 终端的数量	1	1
数据收集周期（min）	15	15

(a)　　　　　　　　　　　　　(b)

图 3.8-2　IHD 试点公寓现场图

（a）尚景园；（b）馨越公寓

　　有效的样本数据来自该标准化公寓内的 131 户居民，其中 55 户安装了 IHD（样本 A），77 户未安装 IHD（样本 B）。详细的用户资料如用户编号、居民年龄和性别、用户收入、所在区域等被收集用于辅助研究。IHD 内部的电响应检查器可自动记录用户的检查频率（5min 内多次 IHD 检查被记录为 1 次检查动作）。每层安装 4 个智能电表计量装置，1 个 GPRS 终端，数据收集频率为 15min 一次。用户能耗监测系统从 2013 年 8 月投入使用，为了避免数据缺失引起的计算误差，本次试点项目选用了电力数据相对完整的时间段（2013 年 11 月）作为研究样本。上海地区实施的分时阶梯电价策略详见表 3.8-2，其中用电高峰和非高峰时段分别为 06：00 至 22：00 及 22：00 至次日 06：00，其相应的电费根据不同的电量消耗略有浮动，从 0.307 元/（kW·h）到 0.977 元/（kW·h）不等。

中国上海阶梯电价[2]　　　　　　　　　　　　　　　　表 3.8-2

模式	电量［（kW·h）/（户·月）］	所属时段	电费［元/（kW·h）］
1	0～260	高峰	0.617
		非高峰	0.307
2	260～400	高峰	0.677
		非高峰	0.337
3	高于 400	高峰	0.977
		非高峰	0.487

3.8.2　研究方法

　　根据所收集的电耗数据，首先对每户居民每小时和每月的用电量进行分析。在单个用户分析结果的基础上，进而发掘全体用户间的用电特性和总电耗规律，包括检查频率、电量和转移、节能量及备用功率。几个重要统计指标如最大值（max）、最小值（min）、平均值（ave）和标准差（σ）用于评估用户电耗。

1. 单个用户的水平

单个用户的用电功率在 j 小时内的 i 记录时刻可以表示为：

$$P(i,j) = C(i,j) \times V(i,j) \tag{3.8-1}$$

其中，J 为从 1 到 24 变化的小时数；C 和 V 分别表示电流值和电压值。

单个用户在 j 小时的平均电功率表示为：

$$P_{\text{ave}}(j) = \frac{1}{4} \sum_{i=1}^{4} P(i,j) \tag{3.8-2}$$

其中，由于数据收集的频率为 15min/次，故每小时记录总数为 4。

本文定义的日间备用功率是指在用户日常使用家电，连续超过 1h 的最低功率，表达式为：

$$dP_{\text{sb}} = \min[P_{\text{ave}}(j)] \tag{3.8-3}$$

因此，单个用户每小时的平均电耗为：

$$h_{\text{E}}(j) = P_{\text{ave}}(j) \times 1/1000 \tag{3.8-4}$$

单个用户每天的电耗表示为：

$$d_{\text{E}} = \sum_{j=1}^{24} h_{\text{E}}(j) \tag{3.8-5}$$

对于安装了 IHD 的用户，用户的每日检查频率为：

$$d_{\text{cf}} = \sum_{j=1}^{24} h_{\text{cf}}(j) \tag{3.8-6}$$

其中，$h_{\text{cf}}(j)$ 是 j 小时的每小时检查频率。

单个用户的每月电耗可以用下式计算：

$$m_{\text{E}} = \sum_{k=1}^{30} d_{\text{E}}(k) \tag{3.8-7}$$

其中，k 代表从 1～30 的天数变化。

对于安装了 IHD 的用户的每月检查频率为：

$$m_{\text{cf}} = \sum_{k=1}^{30} d_{\text{cf}}(k) \tag{3.8-8}$$

根据不同使用电量和不同时段情况下，相应用户电费的计算公式：

$$\begin{cases} 0 \leqslant m_{\text{E}} \leqslant 260, \begin{cases} 06 \sim 22 : m_{\text{B}} = m_{\text{E}} \times 0.617 \\ 22 \sim 06 : m_{\text{B}} = m_{\text{E}} \times 0.307 \end{cases} \\ 260 < m_{\text{E}} \leqslant 400, \begin{cases} 06 \sim 22 : m_{\text{B}} = m_{\text{E}} \times 0.677 \\ 22 \sim 06 : m_{\text{B}} = m_{\text{E}} \times 0.337 \end{cases} \\ 400 < m_{\text{E}}, \begin{cases} 06 \sim 22 : m_{\text{B}} = m_{\text{E}} \times 0.977 \\ 22 \sim 06 : m_{\text{B}} = m_{\text{E}} \times 0.487 \end{cases} \end{cases} \tag{3.8-9}$$

用户的月平均备用功率定义式为：

$$mP_{sb} = \frac{1}{30}\sum_{k=1}^{30} dP_{sb}(k) \tag{3.8-10}$$

2. 多个用户的水平

对于 IHD 用户，每月检查频率最高值（$mmax_{cf}$）、最低值（$mmin_{cf}$）、平均值（$mave_{cf}$）和标准差（σ_{cf}）的表达式是：

$$\begin{cases} mmax_{cf} = \max[m_{cf}(n)] \\ mmin_{cf} = \min[m_{cf}(n)] \\ mave_{cf} = \dfrac{1}{55}\sum_{n=1}^{55} m_{cf}(n) \\ \sigma_{cf} = \sqrt{\dfrac{1}{55}\sum_{n=1}^{55}\left[m_{cf}(n) - mave_{cf}\right]^2} \end{cases} \tag{3.8-11}$$

因此，用户电量单月最大值（$mmax_E$）、最小值（$mmin_E$）、平均值（$mave_E$）、高峰/非高峰值（$mave_{E,on/\text{-}off\text{-}peak}$）、高峰/非高峰比（$R_{E,on/\text{-}off\text{-}peak}$）和标准差（$\sigma_E$），在 A 和 B 这两个样本中分别可以表达为：

$$\begin{cases} mmax_E = \max[m_E(n)] \\ mmin_E = \min[m_E(n)] \\ mave_E = \dfrac{1}{55}\sum_{n=1}^{55} m_E(n)\begin{cases} 06 \sim 22 : mave_{E,on\text{-}peak} \\ 22 \sim 06 : mave_{E,off\text{-}peak} \end{cases} \\ R_{E,on\text{-}peak} = mave_{E,on\text{-}peak}/mave_E \\ R_{E,off\text{-}peak} = mave_{E,off\text{-}peak}/mave_E \\ \sigma_E = \sqrt{\dfrac{1}{55}\sum_{n=1}^{55}\left[m_E(n) - mave_E\right]^2} \end{cases} \tag{3.8-12}$$

$$\begin{cases} mmax_E = \max[m_E(N)] \\ mmin_E = \min[m_E(N)] \\ mave_E = \dfrac{1}{76}\sum_{n=1}^{76} m_E(N)\begin{cases} 06 - 22 : mave_{E,on\text{-}peak} \\ 22 - 06 : mave_{E,off\text{-}peak} \end{cases} \\ R_{E,on\text{-}peak} = mave_{E,on\text{-}peak}/mave_E \\ R_{E,off\text{-}peak} = mave_{E,off\text{-}peak}/mave_E \\ \sigma_E = \sqrt{\dfrac{1}{76}\sum_{N=1}^{76}\left[m_E(N) - mave_E\right]^2} \end{cases} \tag{3.8-13}$$

其中，IHD 用户的数量：$n=1，2，\cdots，55$；非 IHD 用户的数量 $N=1，2，\cdots，76$。

用户电费值的月最大值（$mmax_B$）、最小值（$mmin_B$）、平均值（$mave_B$）、高峰/非高峰（$mave_{B,on/\text{-}off\text{-}peak}$）、高峰/非高峰比（$R_{B,on/\text{-}off\text{-}peak}$）和标准差（$\sigma_B$）在 A 和 B 这两个样本中分别可以表达为：

$$
\begin{cases}
mmax_{\text{B}} = \max[m_{\text{B}}(n)] \\
mmin_{\text{B}} = \min[m_{\text{B}}(n)] \\
mave_{\text{B}} = \dfrac{1}{55}\displaystyle\sum_{n=1}^{55} m_{\text{B}}(n) \begin{cases} 06-22: mave_{\text{B,on-peak}} \\ 22-06: mave_{\text{B,off-peak}} \end{cases} \\
R_{\text{B,on-peak}} = mave_{\text{B,on-peak}} / mave_{\text{B}} \\
R_{\text{B,off-peak}} = mave_{\text{B,off-peak}} / mave_{\text{B}} \\
\sigma_{\text{B}} = \sqrt{\dfrac{1}{55}\displaystyle\sum_{n=1}^{55}\left[m_{\text{B}}(n) - mave_{\text{B}}\right]^2}
\end{cases}
\tag{3.8-14}
$$

$$
\begin{cases}
mmax_{\text{B}} = \max[m_{\text{B}}(N)] \\
mmin_{\text{B}} = \min[m_{\text{B}}(N)] \\
mave_{\text{B}} = \dfrac{1}{76}\displaystyle\sum_{n=1}^{76} m_{\text{B}}(N) \begin{cases} 06-22: mave_{\text{B,on-peak}} \\ 22-06: mave_{\text{B,off-peak}} \end{cases} \\
R_{\text{B,on-peak}} = mave_{\text{B,on-peak}} / mave_{\text{B}} \\
R_{\text{B,off-peak}} = mave_{\text{B,off-peak}} / mave_{\text{B}} \\
\sigma_{\text{B}} = \sqrt{\dfrac{1}{76}\displaystyle\sum_{N=1}^{76}\left[m_{\text{B}}(N) - mave_{\text{B}}\right]^2}
\end{cases}
\tag{3.8-15}
$$

备用功率月最大值（$mmaxP_{\text{sb}}$）、最小值（$mminP_{\text{sb}}$）、平均值（$maveP_{\text{sb}}$）和标准差（σ_{sb}）在 A 和 B 这两个样本中分别可以表达为：

$$
\begin{cases}
mmaxP_{\text{sb}} = \max[mP_{\text{sb}}(n)] \\
mminP_{\text{sb}} = \min[mP_{\text{sb}}(n)] \\
maveP_{\text{sb}} = \dfrac{1}{55}\displaystyle\sum_{n=1}^{55} mP_{\text{sb}}(n) \\
\sigma_{\text{sb}} = \sqrt{\dfrac{1}{55}\displaystyle\sum_{n=1}^{55}\left[mP_{\text{sb}}(n) - maveP_{\text{sb}}\right]^2}
\end{cases}
\tag{3.8-16}
$$

$$
\begin{cases}
mmaxP_{\text{sb}} = \max[mP_{\text{sb}}(N)] \\
mminP_{\text{sb}} = \min[mP_{\text{sb}}(N)] \\
maveP_{\text{sb}} = \dfrac{1}{76}\displaystyle\sum_{n=1}^{76} mP_{\text{sb}}(N) \\
\sigma_{\text{sb}} = \sqrt{\dfrac{1}{76}\displaystyle\sum_{n=1}^{76}\left[mP_{\text{sb}}(N) - maveP_{\text{sb}}\right]^2}
\end{cases}
\tag{3.8-17}
$$

此外，多个用户（55 个）在 j 小时内的平均用电功率为：

$$
mP_{\text{ave}}(i,j) = \dfrac{1}{55}\sum_{n=1}^{55} P(i_n, j_n)
\tag{3.8-18}
$$

3. 分析模型的算法

分析模型的程序算法如下：

（1）将收集到的数据输入到分析模型；

（2）单用户级别：

1）由方程（3.8-1）：在 i 时刻记录 j 小时中的计算电功率 $P(i, j)$；

2）由方程（3.8-2）和方程（3.8-4）：计算用户每小时平均电功率 $Pave(j)$ 和每小时平均电能耗 $h_E(j)$；

3）由方程（3.8-5）和方程（3.8-7）计算用户每天的电耗 d_E 和每月电耗 m_E；

4）由方程（3.8-6）和方程（3.8-8）计算用户每日检查频率 d_{cf} 和每月检查频率 m_{cf}；

5）由方程（3.8-9）分析用户每月的电费账单 m_B。

6）由方程（3.8-3）和方程（3.8-10）计算日间备用功率 dP_{sb} 和月平均备用功率 mP_{sb}；

（3）多用户级别：

1）计算检查频率的月最大值（$mmax_{cf}$）、最小值（$mmin_{cf}$）、平均值（$mave_{cf}$）和标准差（σ_{cf}）；

2）由方程（3.8-12）和方程（3.8-13）计算两个样本的电耗月最大值、月最小值、平均值、高峰/非高峰值、高峰/非高峰值比以及标准差；

3）由方程（3.8-14）和方程（3.8-15）计算两个样本的用电账单月最大值、月最小值、平均值、高峰/非高峰值、高峰/非高峰值比以及标准差；

4）由方程（3.8-16）和方程（3.8-17）计算两个样本的备用功率月最大值、月最小值、平均值、高峰/非高峰值、高峰/非高峰值比以及标准差；

5）由方程（3.8-18）计算两个样本在 j 小时内的平均用电功率 $mP(i, j)$；

6）输出结果，程序停止计算。

3.8.3 研究结果

通过分析模型，可以得到全体用户间的用电特性和电量规律，包括检查频率、电耗和转移、节省能源及备用功率。下文就分析结果展开对上海和英国的同类数据的比较。

1. IHD 的检查频率

研究发现，IHD 的检查频率在用户的生活中起到重要作用。因为它不仅传达电力消耗和碳排放的状况，还反映着电力的使用模式、电力生产方和使用者之间的社会性准则[3,4]。IHD 每日检查频率除了透露出 IHD 在改变用户行为上的效益，也反映了诸如节能手段、产品广告、教育咨询等活动的商业潜力。然而，现阶段市场上缺少完整的每日 IHD 频率监测报告，为了解决这一问题，该试点引用的内嵌于 IHD 芯片的电响应检查器与所有操作按钮相连，可自动记录用户的检查频率。

图 3.8-3 中给出了样本 A（IHD 用户）查看终端的月频率分布。据图发现，检查频率在 212～276 次/天范围内变化。检查频率的变化趋势表明：用户会在月初和月底时频繁地检查 IHD，这可能是涉及用户的支付习惯，如电费账单出账日期、工资到账日期和信贷到期等背景因素。检查频率在月中时较低，说明用户在此期间较少关注能耗问题。因此，IHD 在月初和月末更有指导效果。这些推断信息为日后相关节能信息公布或教育、推广等信息定时投放、设置是有一定参考价值。

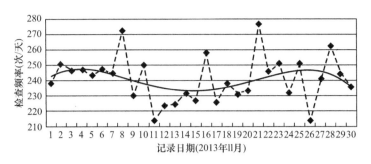

图 3.8-3　样本 A 对 IHD 检查频率的日期记录

　　图 3.8-4 为样本 A 的 IHD 检查频率统计结果，其中标准差仅约 0.93。由于标准差（σ）反映一个数据集于平均值而言的离散程度，小的标准差表示该组数据趋于接近平均值；大的标准差表示数据大范围地分散[5,6]。用户对 IHD 检查的最大频率是 150.6 次/月（5.02 次/天），平均是 47.1 次/月（1.57 次/天）。从图中可知，仍有一些用户还未养成检查 IHD 的习惯或不懂得如何操作该终端，故此出现最小的检查频率为零的现象。

　　通过图 3.8-3 和图 3.8-4，可以得出此次试点的 IHD 检查频率结果基本令人满意，大多数用户都会定期查看 IHD 且支付能耗账单，两者行为之间已经建立起意识，并一定程度上影响最终能源使用。故此可推断，通过更长时间的终端使用后，用户会逐步将 IHD 作为协助日常节能和提醒交付账单的智能平台，并将其融入至建立成日常生活习惯。此外，IHD 甚至可以作为用户接收节能提示、用能政策、节能产品或服务、教育的有效工具，这些潜在的优势会促进用户在日常生活中更加频繁地接触并使用 IHD。

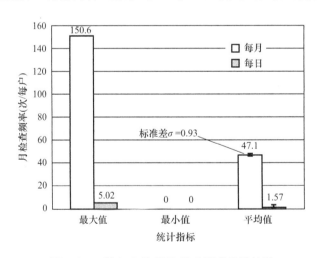

图 3.8-4　样本 A 的 IHD 检查频率统计结果

2. 电力消费的减少及转移

　　图 3.8-5 呈现出不同样本 A 和样本 B 的电力节省情况，及 IHD 安装与否对于节能效果的影响。样本 A 和样本 B 的每月用电量的标准差分别为 36.7 和 53.8，较高的样本标准差可能由于不同的设备、不同的作息安排和其他一些不可预测的因素造成。IHD 用户月平均用电量约为 91.0kW・h，而非 IHD 的用户月平均用电量为 100.1kW・h，

直观对比结果表明：IHD可以有效地减少（两者相差9.1kW·h）9.1%左右的电能消耗。非IHD用户的最大用电量接近287.5kW·h，IHD的用户用电量只有180.6kW·h（两者相差106.9kW·h）。在该情况下，IHD最多可以减少近37.2%的电能消耗。然而，IHD用户的最低耗电量为35.0kW·h，却高于非IHD用户（两者相差28.5kW·h）。比较测试结果，安装IHD的节能效果在电力消耗的平均值和最大值方面更为明显。

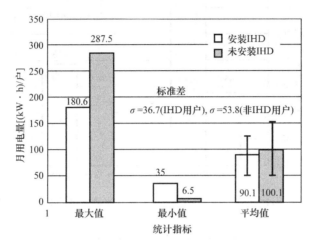

图3.8-5　IHD安装与否用户的月用电量对比

这其中有两个原因，其一是高峰能耗成功在IHD用户家中转移至非高峰时段；其二是IHD的用户居家时间更长：该推断源自智能电表和IHD的运转和调度。但若用户居家时长也被认为是能耗影响因素之一的话，IHD的节能潜力应更高。

在此值得提出的是，由于两个样本的数据均来自基于政府支持的经济公寓，大多数用户都是普通工薪上班族，他们的收入多处于低等和中等水平。在这种情况下，可以认为其在上海地区的每月电费消耗是合理的，且具有一定代表性。

图3.8-6和图3.8-7反映了是否安装IHD的情况下，用户每月平均高峰/非高峰用电能耗和平均高峰/非高峰用电比例。在高峰（非高峰）期间，是否安装IHD的用户分别平均耗电大约45.5（44.6）kW·h和52.3（47.8）kW·h。通过比较这两个样本，IHD的用在户高峰时间电力消耗相对节约13%，在非高峰期为6.7%，因此IHD引起的用电量减少主要集中出现于高峰时段。此外，IHD用户非高峰用电的比例高达49.5%，两项数据比表明：IHD的分时计价功能成功地引导居民合理用电，即从高峰时段用电转变为非高峰时段用电的趋势。

图3.8-8展示了有无IHD用户日常高峰值与非高峰值的功率比较。从中容易看出，IHD用户用能曲线更为平稳，且最大功率值出现于非高峰时段的24：00。通过对IHD用户的观察，午夜高电量这一现象可能是由于电器的定时功能造成的。非IHD的用户用电功率会在夜晚用电高峰期的20：00突然增加至最高1600W，由于20：00～22：00通常是上海居民家庭的休闲娱乐时段。这个结果有效地反映了IHD的分时电价功能对个人用电行为的引导和改变，实现了从高峰期到非高峰期最大功率的转移。

从宏观上看，这种移位会进一步影响电价、相关的政府政策及发电基础设施的运行。此外，IHD 用户每日功率比非 IHD 用户低较多，功率的降低也表明了通过使用 IHD 带来的整体节电效果。总之，IHD 通过改变居民用电行为，已经显现出错峰用电和节约用电的效果。

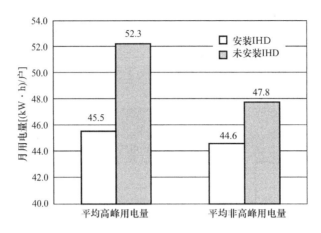

图 3.8-6　IHD 安装与否用户的平均高峰及平均非高峰时电能耗对比

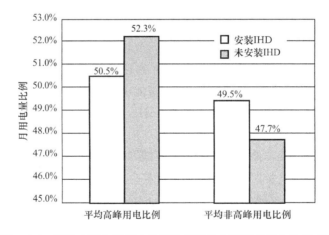

图 3.8-7　IHD 安装与否用户的平均高峰及非高峰时用电比例对比

3. 每月电费节省

图 3.8-9 展示了是否安装 IHD 的用户在电费节省上的对比结果。样本 A 和样本 B 的每月电费的标准差分别是 28.4 和 36.5。高的标准差主要是由于不同的电价和高峰或非高峰的用电量引起的。IHD 用户平均每月电费在 41.8 元左右，非 IHD 用户的电费约为 46.9 元，因此安装 IHD 可使用户电费降低约 11%。非 IHD 用户最高电费可达 148 元，而 IHD 用户的最高电费仅为 83.9 元。所以在该分析样本中，安装 IHD 可使电费最高减少 43.3%。进而分析相同用电量情况下，IHD 用户的电费最少是 16.2 元，虽然高于非 IHD 用户最低每月电费 3.1 元，但后者用电量明显偏小，可以排除为非正常居住用户。

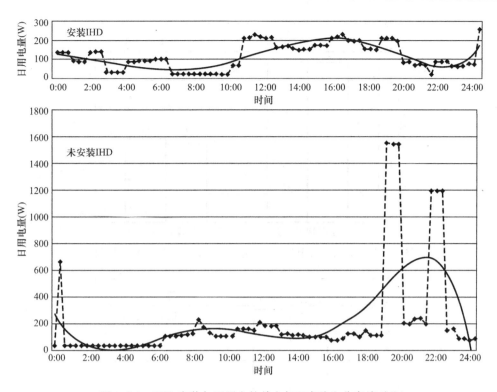

图 3.8-8 IHD 安装与否用户的单户每日高峰和非高峰对比

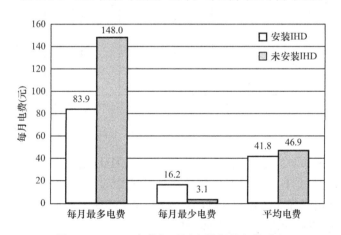

图 3.8-9 IHD 安装与否用户的每月电费对比

从图 3.8-10 和 3.8-11 中可看到是否安装 IHD 用户每月平均高峰/非高峰电费以及每月平均电费的相关比率。在高峰期（非高峰期），IHD 用户和非 IHD 用户平均电费分别是 28.1 元（13.7 元）和 32.3 元（14.7 元）。当比较 IHD 在节省电费上的效果时，IHD 用户相对非 IHD 用户节省的电费在高峰期是 13％，非高峰期是 6.7％。明显的，IHD 可以帮助用户在高峰期节省更多的电费。同时，IHD 用户和非 IHD 用户的高峰期（非高峰期）电费的比率分别是 67.2％（32.8％）和 68.7％（31.3％），这其中从高峰期转移到非高峰期的 1.5％的电费可以归结于 IHD 对居民用电行为的引导和影响。

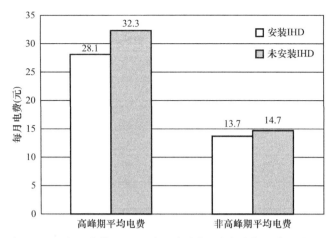

图 3.8-10 是否安装 IHD 用户的高峰期/非高峰期平均电费对比

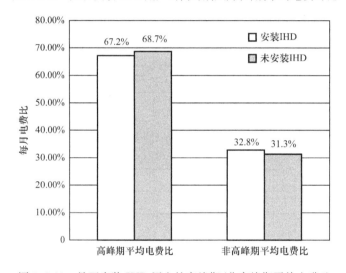

图 3.8-11 是否安装 IHD 用户的高峰期/非高峰期平均电费比

从图 3.8-5~图 3.8-9 可以看出，IHD 用户和非 IHD 用户平均电费节省差别并不显著，其原因可能是本次小规模试点主要是在低等或中等收入居民居住的经济适用房实施。针对此，有必要在日后的试点项目中进行多样化的样本和大规模的研究，从而进一步揭示各收入阶层用户在生活用能上的差异。

4. 备用功率的节省

备用功率在国内被视为一个重要的节能潜力因素。备用功率通常是指在用户日常使用家电时连续超过 1h 的最低功率。图 3.8-12 展示了 IHD 和非 IHD 的两个样本用户备用功率（用电量储备）。样本 A 和样本 B 的每月备用功率标准差分别是 4.3 和 7.6，表明了大部分数据接近备用功率的平均值。非 IHD 用户的备用功率最大值（最小值）是 59.5W（10.8W），而 IHD 用户则仅有 47.8W（2.8W）。IHD 用户的每月备用功率平均 27.4W，而非 IHD 用户每月备用功率是 31.2W，说明安装 IHD 可使用户关注到家电的备用待机情况，从而改变其用能行为，关闭不使用的或者待机的家电，促使备用功率用电量降低约 12.2%。备用功率的下降说明了家庭总用电量还有着相当大的节省空间。

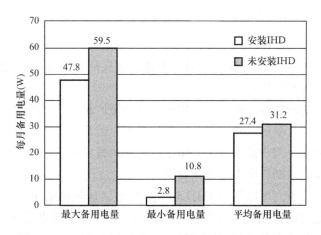

图 3.8-12　IHD 用户和非 IHD 用户每月用电量储备对比

5. 与英国案例的比较

图 3.8-13 给出了此次研究结果和英国案例的比较结果。根据英国实验的平均结果，仅 IHD 带来电力节省超过 11.3%[7]。尽管在这次的试点研究中只实现了 9.1% 的用电量下降，但如果上海地区开展相关的教育和宣传活动，今后的节能潜力还会有提升空间。用户的参与和教育程度在节能减排落实的过程中也起到至关重要的作用。因为用户参与直接影响着 IHD 的使用频率，而高等教育是智能电力设备合理使用的关键因素。人们应该意识到用户正确使用智能电力设备的重要性，智能电力设备的生产商也应当认识到在竞争性的市场推广 IHD 的关键，是鼓励用户通过改变行为和增强意识来积极适应崭新的智能电力消费模式[8]。图 3.8-13 表明在不同的消费反馈的渠道中，IHD 是最有效的使耗电量大幅减少的方法。此外，IHD 和其他方法结合（即网页或信息型广告）可能会是一个更好的方向，多种方式可以相辅相成，甚至形成多种网络反馈来推动节能。

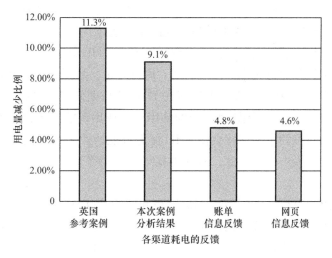

图 3.8-13　各渠道用电量减少比例

3.8.4 小结

本次研究调查是第一个 IHD 使用对上海地区居民用电模式影响的试点研究，此项研究面临着一些挑战和机遇：

（1）此次试点的长期技术操作没有理想中的稳定可靠，遇到的问题包括不完善的用户信息、设备故障、数据记录错误、低效服务器等。因此，有必要鼓励设备供应商开发新型可靠的技术和简便用户操作方式。除了进一步的技术改进，这些问题还可以通过政府或其他研究机构的辅助资金支持得到解决。

（2）本书的量化研究可以得出 IHD 对于上海地区居民用电量的影响，但针对中国其他地区用户用电情况的研究对于理解 IHD 促进节能的原因更是必不可少的。另外，研究者应该进一步关注 IHD 本身的特征，例如外观、实用性、操作性、便利性和可理解性等。这些特征和用户的习惯紧密相连，会直接影响 IHD 发展的效益和在中国地区顺利推广的程度。

（3）用户对于被动式节能的主观意识相对薄弱。尽管强制执行 IHD 对于用户的价值提升会有一定影响，但有些用户在实际安装过程中会拒绝配合，坚持原本生活习惯，对社会节能活动不感兴趣。还有部分用户完全关掉 IHD，忽视工作人员的解释，因此先于 IHD 安装的教育和宣传对于日后持续节能是至关重要的。

（4）在未来的试点项目中，可以通过以下途径解决实践研究面临的严峻挑战：

1）与当地政府合作，强制性推行智能电表和 IHD；

2）与开发商和业务供应商合作，为全新或翻新的房屋安装智能电表和 IHD；

3）通过社区展览、传单、电视、视频制作这些渠道来推行宣传活动；

4）建立健全教育系统，包括开放工作间、宣传活动等普及节能减排重要意义；

5）通过住房协会代表、用户组织以及政府来建立与用户的信任关系，借助于认证中心来消除用户的不信任[1]；

6）通过降低或者控制电费等方式，联合各种激励奖惩来鼓励用户参与节能[1]；

7）开发创新型商业模式来探索用户不同的用能选择[9]。

（5）本研究只给出了短期研究的初步结论，但是 IHD 能耗反馈机制的使用效果在很大程度上取决于设备运行频率、持续时间、内存容量、数据分解、呈现载体、社会比较和其他干扰因素[10]。很多挑战在于如何在 IHD 的长期研究中维持用户的节能兴趣。正如 Hargreaves 等所言[11]，当跨越一定的使用水平或用户能源意识、人员动态等因素的影响，缺乏激励政策和市场支持会使 IHD 促进节能的效果不再显著。持续升级 IHD 设备、通过多重功能吸引用户注意、政府的指导和支持等对于 IHD 持续保持较高节能效果是很重要的。

（6）此次试点研究样本规模小，IHD 用户和非 IHD 用户间的平均节能差异不是很明显，主要是因为样本缺少多样化，需要进一步实施更大规模的动态用户研究。

（7）研究过程中较难得到政府电价和发电厂运行成本的计量基准。将来的研究应该和政府和供电商紧密合作，来最大程度发挥 IHD 在节能、经济效益和环境效益中的优势和作用。

本研究报告和分析了智能电表和 IHD 在上海首个试点的应用情况，获得了能耗反馈机制对于中国用户用电量的影响结果。131 个有效研究样本被分成 IHD 用户和非 IHD 用户两组来开展实验。我们运用统计分析模型来描述两组样本用户的用电特点和用电量，例如检查频率、电力消费减少和转移、电费节省和备用功率。得到如下结论：

（1）用户平均每月检查 IHD 47.1 次（每天 1.57 次）。若在月初和月末开展节能相关的广告活动，会产生有效的节能促进作用。

（2）IHD 用户相对非 IHD 用户的每月平均用电量和电费减少分别为 9.1% 和 11.0%，其效果在用电高峰期更显著。同时，IHD 上的分时电价功能对个人用电行为的引导和改变，实现了从高峰期到非高峰期最大功率的转移。从宏观上看，这种移位会进一步影响电价、相关的政府政策及发电基础设施的运行。IHD 用户的每月平均备用功率减少约 12.2%，备用功率的下降说明了家庭总用电量还有着相当大的节省空间。

（3）此次试点调查节约的用电量低于普通英国案例，但如果相关的教育和宣传活动在上海开展，今后的节能潜力还会有提升空间。另外，IHD 和其他方法结合（即网页或信息型广告）会是一个更好的方向，多种方式相辅相成，甚至形成多种的网络反馈来推动节能。

（4）日后工作中可能出现的挑战和机遇，包括：①为 IHD 长期运行提供可靠的技术；②实施其他地区的量化分析和 IHD 特征的研究；③提高用户的教育和宣传；④呈现长期的观测研究结果；⑤在大规模的动态用户中增加样本规模；⑥将分析结果纳入政府电价和发电厂运行成本的计量基准中。

（5）IHD 的研究应该在中国环境下全面开展，使居民意识到个人的用能习惯，改善能源消费模式，为政府的经济杠杆和电力相关行业的投标竞争力提供社会技术基础。

参考文献

[1] Gangale F. Mengolini A，Onyeji I. User engagement：An insight from smart grid projects in Europe [J]. Energy Policy 2013，60：621-628.

[2] Xinhuanet. Multi-step Electricity Tariffs in Shanghai，China. 2012. http://www. xinhuanet. com/energy/jiage/jg3. htm.

[3] Honebein P C，Cammarano R F，Boice C Building a social road map for the smart grid [J]. The Electricity Journal 2011，24：78-85.

[4] Jackson T. Motivating Sustainable Consumption-A Review of Evidence on User Behaviour Rand Behaviour Change. Centre for Environmental Strategy，University of Surrey. Accessed June 19，2015. http://www. c2p2online. com/documents/MotivatingSC. pdf.

[5] Hazewinkel M. Encyclopedia of Mathematics [M]. Springer，1994.

[6] Standard Deviation. 2014 http://en. wikipedia. org/wiki/Standard_deviation.

[7] Lewis P，Bogacka A，Grigoriou R，et al. Assessing the Use and Value of Energy Monitors in Great Britain. VaasaETT，2014.

[8] European Commission. 2011. Smart Grids：From Innovation to Deployment. Paper COM (2011) 202 Final. European Commission.
http://eurlex. europa. eu/LexUriServ/LexUriServ. do? uri=COM：2011：0202：FIN：EN：PDF.

［9］ Verbong G P J，Beemsterboer S，Sengers F. Smart Grids or Smart Users? Involving Users inDe-
veloping a Low Carbon Electricity Economy ［J］. Energy Policy，2013，52：117-125.

［10］ Fischer C. Feedback on Household Electricity Consumption：A Tool for Saving Energy? ［J］.
Energy Efficiency，2008，1：79-104.

［11］ Hargreaves T，Nye M，Burgess J. Keeping Energy Visible? Exploring How Householders In-
teract with Feedback from Smart Energy Monitors in the Longer Term ［J］. Energy Policy，
2013，52：126-134.

3.9 住宅建筑用水行为研究

3.9.1 研究对象

1. 住宅建筑用水概述

水是人类生产生活的必需品，是人类生存发展的刚性需求。从人们衣、食、住、行的基本生活需要来分析，生产及清洗衣物都需要用水，种植及烹饪食物需要用水，建筑建设需要用水，道路交通也需要用水。与居民最直接相关的是居民生活用水，尤其在住宅中，居民生活用水占所有水资源使用的比例很高（表 3.9-1）[1]，本研究主要针对居民生活用水中的一类：住宅建筑的家庭日常用水（简称"家庭用水"）。

2018 年我国部分地区供水及生活用水情况 　　　　　　　表 3.9-1

城市	供水总量（亿 m³）	生活用水（亿 m³）	生活用水占供水总量百分比
北京	36.4	16.3	44.8%
天津	23.8	5.1	21.4%
河北	191.3	23.8	12.4%
山西	73.8	12.3	16.7%
内蒙古	183.2	10.7	5.8%
辽宁	142.1	23.4	16.5%
吉林	131.5	12.3	9.4%
黑龙江	362.3	17.1	4.7%
上海	123.2	25.7	20.9%
江苏	576.7	51.4	8.9%
浙江	198.3	42.5	21.4%
安徽	296	31.5	10.6%
福建	204.8	30.9	15.1%
江西	264.8	26.9	10.2%
山东	217.9	33.3	15.3%
河南	240.6	33.4	13.9%
湖北	291.8	39.4	13.5%
湖南	332.5	40.0	12.0%
广东	443.2	94.8	21.4%
广西	308.2	38.3	12.4%

续表

城市	供水总量（亿 m³）	生活用水（亿 m³）	生活用水占供水总量百分比
海南	43.2	6.9	16.0%
重庆	83.9	18.1	21.6%
四川	242.5	40.1	16.5%
贵州	92	16.0	17.4%
云南	149.7	20.5	13.7%
西藏	30.3	1.0	3.3%
陕西	89.2	15.1	16.9%
甘肃	122	7.9	6.5%
青海	28.2	2.3	8.2%
宁夏	72.1	1.6	2.2%
新疆	588	11.7	2.0%

家庭用水是居民生活用水的重要组成部分，许多家庭用水行为会直接引起水资源消耗，例如饮水、洗涤、冲厕、洗浴等。在我国，有学者运用两种办法对主要家庭用水进行分类，一种是针对水的用途，包括：饮用、做饭、洗碗、冲厕、清洁、洗澡、洗衣和其他；另一种针对用水末端，包括：便器、龙头、淋浴器、浴盆和洗衣机五种主要器具[2]。

与国内相比，国外在家庭用水的用途及末端两方面都有一定的不同。澳大利亚的学者 Rachelle M Willis 等[3]在对美国、澳大利亚及新西兰的家庭用水量进行研究时，相比于国内的分类结果，在用途方面增加了"灌溉"；在用水末端方面增加了"洗碗机"与"浴缸"。同样是澳大利亚的学者，Geoffrey J. Syme 等[4]在对影响家庭用水量因素的相关性分析中加入了新的用途"游泳"与末端"游泳池"。可以发现，由于生活习惯和文化差异，国内外的家庭用水在用途及末端都有一定差异。

2. 住宅建筑用水行为特点及影响因素

虽然在用途与末端方面家庭用水的种类繁多，但是不同种类家庭用水行为特点却有相似之处，主要表现在：①家庭用水行为具有间歇性特点。用水时间大多发生在居民在家的时段，即非工作时段；但如果有全时段家中有人（家庭中有退休老人或夫妻一方全职照顾家庭）的情况，属个例需单独考虑。②生活习惯对家庭用水影响较大，例如中国人多数习惯早、中、晚三餐，并且饭点较为固定，又如中国人早晚洗漱，一般发生在出门前与睡前。再如中国人习惯晚上，更贴切说是睡前洗澡，那么这些生活习惯就会直接影响到用水行为发生的时间以及在时间上的分布情况。③个体代表家庭的特点或视家庭为个体的特点。家庭用水的一部分是由个体完成而服务整个家庭的，而这个个体在家庭中往往较为固定，例如做饭洗衣等；并且在关于用水的研究中往往以"household"为单位，同时在每个个体都会有的用水行为中，经过长时间的相互影响习惯会逐渐接近[5]，家庭每个个体成员的用水行为会越发相近，所以在研究家庭用水时，最小单位一般选择家庭而非个人。④环境因素对家庭用水影响较小。用水与开关空调等行为不同，没有某种特定环境因素（例如照度与温度）可以对家庭用水的行为是否发生起决定作用；在上文提到的几类我国主要家庭用水中，没有哪一项是受某种环境因素的影响而决定是否发生的，这也是水的不可替代性所决定的。

综上，家庭用水行为的性质特点为受主体习惯影响程度大而受环境影响程度小，基于此，决定家庭用水行为的因素主要为时间及行为主体（户），而非环境及外部因素，环境及外部因素不会决定用水行为是否发生，只会影响用水行为发生的频次、时间与用量。不同类别的家庭用水特点相似，所以在分析时可以采用相似的研究方法。

虽然国内外的用水在用途及末端有所差异，但是在两者用途相同的部分相似性很大。瑞士学者 Urs Wilke[6] 对法国 7949 份关于居民在家的活动行为的有效问卷进行了统计分析，结果可以发现在"Cook，wash up"一类与中国的一日三餐一致。立陶宛学者 Violeta Motuziene 等[7] 对居民家庭活动进行统计分析，发现在"bathroom"（这里可以理解为具有盥洗和洗浴功能的房间）活动的时间均分布在早晚，而在"厨房"中活动的时间均分布在早、中、晚三个时间段。上述调查说明国内外的家庭用水行为有很多相似点。为更清楚的阐述家庭用水行为，下文着重对家庭厨房用水进行分析，用水末端为水龙头，用途主要为做饭、洗碗。

3. 研究对象选取

本次数据采集选择的城市为北京和上海。北京市中心位于东经 115.7°～117.4°，北纬 39.4°～41.6°之间，地处北温带半湿润大陆性季风气候，1981—2010 年年均降水量 559.2mm[8]，2018 年全年降水量 546.6mm。上海市属于亚热带季风性气候，1997—2010 年年均降水量 1294.0mm[8]，2018 年全年降水量 1408.8mm[9]。2013 年全年降水量 1173.4mm。北京、上海属于典型的中国超大城市，纬度相差约 10°，属于不同的气候区，气候特点有很大差异，年均降水量相差约 2 倍。通过分析北京、上海两地家庭，可以较全面的了解中国不同气候条件下厨房用水行为。

实际测量的对象选取，采用空间分层抽样与简单随机抽样相结合的办法。于 2013 年在北京、上海各分 6 次取样，每次 5 户，并且每次取样都选择不同住宅小区，共选取了两地各 30 户居民，对每户居民进行为时两周的实际测量，根据实际住户及设备运行情况，不同家庭测试时间有细微变化。家庭结构有 2 口之家、3 口之家、4 口之家和 5 口之家，涵盖了多种类型，测试时间从 1 月份到 8 月份，涵盖了一年之中的冷热季节。具体情况如表 3.9-2 所示。

调查样本信息   表 3.9-2

样本信息		北京			上海		
		户数	比例（%）	家庭编号	户数	比例（%）	家庭编号
年龄（岁）	15～29	2	6.7	—	5	16.7	—
	30～50	14	46.7	—	22	73.3	—
	50 以上	14	46.7	—	3	10.0	—
家庭结构	2 口之家	9	30.0	—	2	6.7	—
	3 口之家	6	20.0	—	19	63.3	—
	4 口之家	11	36.7	—	7	23.3	—
	5 口之家	4	13.3	—	2	6.7	—
测试时间	1 月	5	16.7	31～35	5	16.7	1～5
	2 月	—			—		

样本信息		北京			上海		
		户数	比例（%）	家庭编号	户数	比例（%）	家庭编号
测试时间	3 月	—	—	—	5	16.7	6～10
	4 月	5	16.7	36～40	5	16.7	11～15
	5 月	5	16.7	41～45	5	16.7	16～20
	6 月	5	16.7	46～50	5	16.7	21～25
	7 月	5	16.7	51～55	5	16.7	26～30
	8 月	5	16.7	56～60	—	—	—

3.9.2　现场调研及结果分析

在本次实测过程中，厨房水龙头作为厨房用水的唯一来源，其使用情况就是居民厨房的用水情况。为了解选取的样本家庭使用厨房水龙头的情况，需要使用一定的检测方法来采集信息。首先应用了自主研发的水流测量系统，对选取样本的厨房水龙头水流的详细情况进行测量；同时应用视频监控系统，现场录制用户用水情况，对有关居民厨房用水的行为信息进行实时采集。

通电情况下，水流测量系统每 2s 记录一条数据，每条数据包括家庭编号、水流温度、瞬时流量、累积流量、当前时间（精确到秒）。在整理过程中结合视频观察，可以与水流监控系统采集的数据进行相互验证，并直观了解居民用水行为的所有信息。

通过以上两个系统，获得了样本家庭厨房水龙头的瞬时流量和累计流量，系统仪器实际安装情况如图 3.9-1 所示。

（a）　　　　　　　　　　　　　　（b）

图 3.9-1　水流监控系统

（a）流量测试仪器；（b）数据采集仪器

1. 用水量结果

将选取的北京、上海各 30 户居民每户日平均厨房用水量进行统计（图 3.9-2）。纵坐标为每户日平均用水量，横坐标为家庭编号，上海地区 30 户家庭编号为 1~30，在横坐标上行表示，北京地区 30 户家庭编号为 31~60，在横坐标下行表示。从图中可以发现，上海地区的厨房日用水总量的平均值达到了 134.80L，为北京地区平均值 68.86L 的 196%，即日均用水量为北京地区的近两倍。并且调研中，北京、上海两地家庭的家庭结构相近，且两地调查的所有家庭总人数仅相差 1 人，所以由此判断上海用水量多并非由于人数多引起。

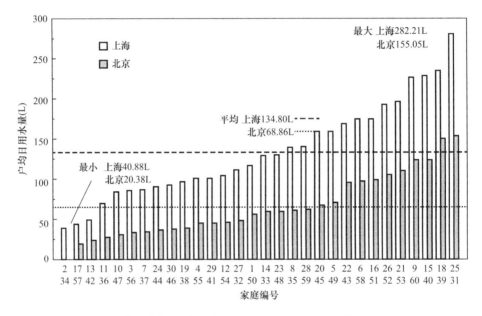

图 3.9-2　上海、北京两地每户日均厨房用水量

用水量的多少与人的用水行为直接相关。用水行为包括：开启水龙头，关闭水龙头及相邻开、关动作之间的持续时间。

将选取的北京、上海各 30 户居民每户日平均厨房开/关水龙头次数进行统计（图 3.9-3），横坐标与图 3.9-2 意义一致，纵坐标为每户日平均厨房开/关水龙头次数。通过比较可以发现，北京、上海两地的每户日平均厨房开/关水龙头次数相差不大，上海每户日平均厨房开/关水龙头平均值为 63.35 次，北京为 66.24 次。

北京每户日均水龙头开启时间的平均值为 869.0s，上海为 1485.6s，可以看出上海开启时间为北京的 171%，远远超过北京。通过前后图表可以发现，北京、上海两地用水时间相差很大，但开/关次数相差很小，所以相邻开/关动作之间的持续时间上海较北京长。图 3.9-4 为计算所得厨房用水时间，从图中可以看出上海地区家庭厨房用水时间远高于北京，同一地区不同住户厨房用水时间有很大差距。

2. 用餐次数、餐厨具使用量

为探究两地用水差异的根本原因，根据实测所得进行观察统计，得到了两地餐厨具的使用数量。由于厨房用水主要围绕炊事，清洗餐厨具的行为会直接影响到用水量，所以餐厨具的使用量会影响到用水量。图 3.9-5 为餐厨具日均使用量对比。

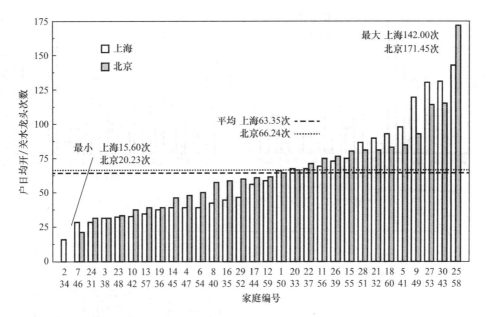

图 3.9-3　上海、北京两地每户日均开/关水龙头次数

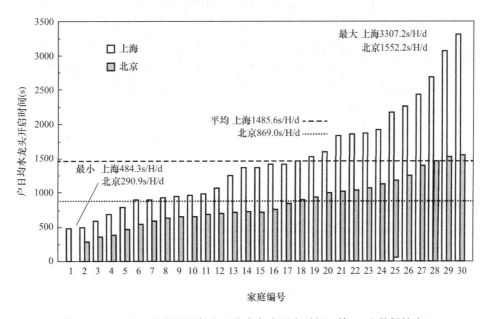

图 3.9-4　上海、北京两地每户日均水龙头开启时间（第 34 户数据缺失）

　　通过上图可以发现，在餐厨具的使用方面，餐具用量相差不大，厨具用量北京多于上海。另外，每次在家烹饪食物往往会有清洗、蒸煮食材等行为，所以用餐的次数会影响到用水量，图 3.9-6 为每周用餐次数对比情况。

　　通过上图可以发现，北京户均用餐次数略多于上海。经过上述分析，发现北京、上海地区家庭使用的餐厨具数量以及用餐次数相差不大，即需要用水清洗物品的量相近。

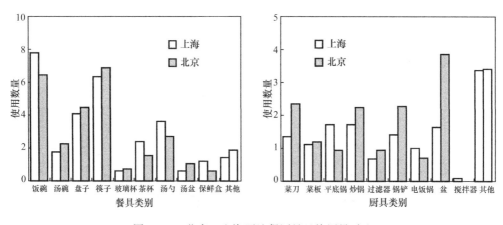

图 3.9-5　北京、上海两地餐厨具日均用量对比

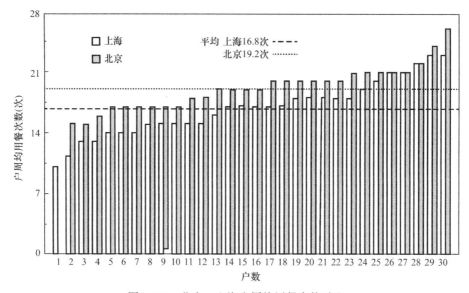

图 3.9-6　北京、上海户周均用餐次数对比

3. 餐厨具洁净程度

清洗难度及清洗后的洁净程度通过以下两方面对比：

（1）使用过后餐具的脏污程度

为了解餐具使用后的脏污程度，早餐时入户采集样品，居民将早餐使用后的餐具（碗、盘和筷子）手工洗净后，由采样员将其装入无菌塑料袋中（每件餐具独立包装），并在包装袋表面贴上识别码，4h 内送至实验室检测。我们将脏污程度分为三种：用 1 表示比较干净；用 2 表示脏污程度中等；用 3 表示脏污程度很深。见图 3.9-7。

运用以上判断基准，对上海、北京各 30 户调查对象餐具、厨具的脏污情况进行分析。对北京 578 件、上海 501 件使用过后的餐厨具样本进行判断及分析，得到图 3.9-8。

可以看出，上海、北京餐厨具比较干净的占很大部分，分别达到 75.2%、86.0%；次之是脏污程度中等的，分别占 15.6%、8.1%；最后是脏污程度很深的，分别仅占 9.2%、5.9%。说明调查对象中，大部分的餐具、厨具都是比较干净的，仅有少数餐厨具较脏；脏污程度较深的餐厨具上海略多于北京，整体相差不大。

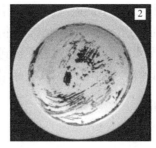

图 3.9-7　餐具脏污程度判断基准

（2）清洗后的菌落残留

为了解餐具清洗后的清洁程度，早餐时入户采集样品，居民将早餐使用后的餐具手工洗净后，由采样员将其装入无菌塑料袋中（每件餐具独立包装），并在包装袋表面贴上识别码，将北京、上海共 187 件样品（北京 96 件，上海 91 件）4h 内送至实验室检测。检测由中国疾病预防控制中心环境所及上海市疾病预防控制中心完成，结果见表 3.9-3。

观察以上结果，发现北京、上海清洗后的餐具均检测出了金黄色葡萄球菌及大肠杆菌活

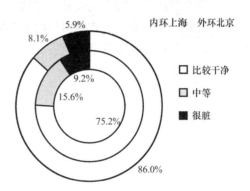

图 3.9-8　上海、北京两地居民
餐厨具脏污程度

菌，北京金黄色葡萄球菌检出率较高，而上海大肠杆菌检出率较高。综上，手洗清洗效果均存有问题，上海近 20% 的餐具检出大肠杆菌，尤为突出。

餐具的金黄色葡萄球菌及大肠杆菌检测情况　　　　　　　　　　　表 3.9-3

地区	餐具总数	金黄色葡萄球菌检出量	大肠杆菌检出量	金黄色葡萄球菌检出率	大肠杆菌检出率
北京	96	5	4	5.2%	4.2%
上海	91	1	17	1.1%	18.7%

通过上述分析，可以发现北京、上海两地的非动作因素（人数、餐厨具数量、用餐次数、餐厨具脏污程度及清洗效果等）并非引起用水量巨大差异的主要因素。相反，在厨房使用水量较多的上海地区，餐具清洗结果不如北京。所以并非用水量越多餐具越清洁，清洁程度可能与其他因素相关，适当节水可以减少用水量并且不会影响清洗效果。基于此，排除客观因素的干扰，需要探究用水的主观行为对用水的影响，而人在建筑中的行为主要分为"位移"以及"动作"两方面，用水行为需要着重研究用水的"动作"，即"开""关"水龙头的行为。

为探究用水客观行为对用水量的影响，需要研究水龙头开、关动作与用水量的相互关系。首先需要了解动作发生的特点与概率，后通过数学方法对动作发生的概率进行描述，提出关键参数并明确参数在实际行为中的意义，之后采用某种用水器具、清洗电器或者开关控制方法合理改变该参数在实际生活中的表现，从而达到节水的目的。

在此基础上，可以通过用水行为的研究和分析，运用数学方法对实际的用水情况进

行模拟，建立模型，从而预测同一地区不同家庭的实际用水情况；后续可以通过不同的输入参数预测不同地区、不同人群的用水量以及用水实际情况。此外，如果确定一个用水量基准，就可以判断不同地区的节水潜力，并通过上文提到的方法挖掘节水潜力。下文着重描述用水行为发生动作的概率计算、数学描述以及实际用水行为模拟的模型建立。

3.9.3 数学模拟及结果分析

1. 用水状态概率模拟函数

概率分布及函数拟合，在分析家庭厨房用水行为的发生概率时，分为两类考虑，一类是用水的状态（即水龙头开、关状态）概率在时间上的分布，一类是用水动作发生概率在时间上的分布。下式是两种概率在时间上的计算方法及分布。

在计算用水状态概率时，将所有测试所得的结果化为矩阵形式，可以得到矩阵 A，具体算法如下：

$$A = \begin{pmatrix} r_{1,1} & \cdots & r_{1,n} \\ \vdots & r_{i,j} & \vdots \\ r_{43200,1} & \cdots & r_{43200,n} \end{pmatrix}; \text{if } r_{i,j} > 0, r_{i,j} = 1;$$

$$\text{if } m_i = \sum_{j=1}^{n} r_{i,j}, p_i = \frac{m_i}{n}$$

式中 A——测试期间内瞬时流量矩阵；

$r_{i,j}$——水龙头瞬时流量，i 为时刻，共 43200 个时刻点（间隔为 2s）；j 为天，共测量了 n 天；

m_i——n 天测量中在 i 时刻水龙头为开启状态的频次；

p_i——n 天测量中在 i 时刻水龙头为开启状态的概率。

若分别以北京、上海调查对象处所得数据为样本代入上述算法，以一天时间为横坐标、概率为纵坐标作图，可得一天内家庭厨房水龙头开启状态概率分布，在计算开水龙头动作概率时，具体算法如下：

$$A = \begin{pmatrix} r_{1,1} & \cdots & r_{1,n} \\ \vdots & r_{i,j} & \vdots \\ r_{43200,1} & \cdots & r_{43200,n} \end{pmatrix}; \text{if } r_{i,j} > 0, r_{i,j} = 1;$$

$$\text{if } r_{i+1,j} - r_{i,j} = 1, t_{i,j} = 1;$$

$$\text{if } r_{i+1,j} - r_{i,j} \neq 1, t_{i,j} = 0;$$

$$\text{if } s_i = \sum_{j=1}^{n} t_{i,j}, p_i = \frac{s_i}{n}$$

式中 A——测试期间内瞬时流量矩阵；

$r_{i,j}$——水龙头瞬时流量，i 为时刻，共 43200 个时刻点（间隔为 2s）；j 为天，共测量了 n 天；

$t_{i,j}$——开关状态标识（动作发生为 1，不发生为 0），i 为时刻，共 43200 个时刻点（间隔为 2s）j 为天，共测量了 n 天；

s_i——n 天测量中在 i 时刻发生开水龙头动作的频次；

p_i——n 天测量中在 i 时刻发生开水龙头动作的概率。

2. 用水时长模拟函数

以开启时长为纵横坐标、概率为纵坐标作图，可得两地家庭厨房单次开启水龙头时长概率分布。计算时长分布概率具体算法如下：

$$A = \begin{pmatrix} r_{1,1} & \cdots & r_{1,n} \\ \vdots & r_{i,j} & \vdots \\ r_{43200,1} & \cdots & r_{43200,n} \end{pmatrix};$$

$$\text{if } r_{i,j} > 0, r_{i,j} = 1;$$

$$\text{if } r_{i+k,j} \neq r_{i+k-1,j} = r_{i+k-2,j} = \cdots = r_{i,j} = 1 \neq r_{i-1,j},$$

$$m_k + 1;$$

$$p_k = \frac{m_k}{Times};$$

$$1 \leqslant k \leqslant 450, k \in Z$$

式中　A——测试期间内瞬时流量矩阵；

$r_{i,j}$——水龙头瞬时流量，i 为时刻，共 43200 个时刻点（间隔为 2s），j 为天，共测量了 n 天；

m_k——开启时长为 $k \times 2s$ 的频次；

p_k——开启水龙头 $k \times 2s$ 发生的概率；

$Times$——n 天内开启水龙头总次数。

在该算法中有两个等式，即

$$\sum_{k=1}^{k=450} m_k = Times; \sum_{k=1}^{k=450} p_k = 1;$$

两个公式的含义分别为：开启时间为定义域内每一时长的开启次数求和为总开启次数；开启时间为定义域内每一时长的开启概率求和为 1。

3. 模拟结果与实测结果对比

分别以北京、上海调查对象处所得数据为样本代入上述算法，以一天时间为横坐标、概率为纵坐标作图，可得一天内家庭厨房水龙头开启动作概率分布，如图 3.9-9、图 3.9-10 所示。

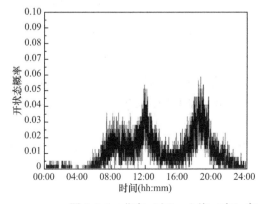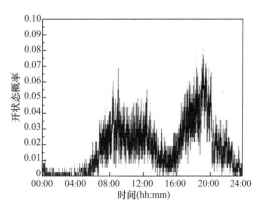

图 3.9-9　北京（左）、上海（右）家庭厨房一天内水龙头开启状态概率分布

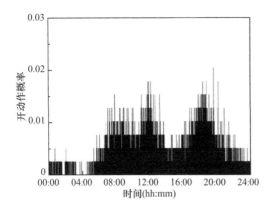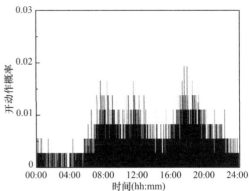

图 3.9-10　北京（左）、上海（右）家庭厨房一天内水龙头开启动作概率分布

通过函数拟合结果可以发现，两地水龙头开启状态概率存在明显的三个波峰，为方便对现象描述，可以将开启状态曲线用高斯函数进行拟合（图 3.9-11）。

$$y = y_0 + \frac{A}{w\sqrt{\pi/2}}e^{-2\frac{(x-x_c)^2}{w^2}}$$

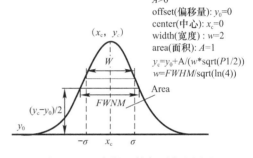

$A>0$
offset(偏移量): $y_0=0$
center(中心): $x_c=0$
width(宽度): $w=2$
area(面积): $A=1$
$y_c=y_0+A/(w*sqrt(P1/2))$
$w=FWHM/sqrt(ln(4))$

图 3.9-11　高斯函数各项意义图示

式中　y_0——波峰最低值，表征时段内水龙头为开启状态的最低概率；

A——峰面积，表征开启状态累计时长；

w——半峰宽的正比例函数，表征开启状态集中发生的分布时段，与用水集中发生时间的分布情况有关；

x_c——峰位置，表征开启状态发生概率最大值出现时刻；

y_c——峰值，表征开启状态发生概率最大值；

$FWHM$——半峰宽，表征开启状态集中发生的分布时段，与用水集中发生时间的分布情况有关。

多峰函数拟合是将函数中的波峰用多个高斯函数进行拟合，后将多个高斯函数求和得到最终函数拟合方程：

$$y = y_1 + y_2 + y_3 + \cdots + y_n$$

北京及上海家庭厨房用水状态概率函数可以用一个含有三峰的多峰高斯函数进行拟合（图 3.9-12）。

同样，描述用水发生动作也可以运用上述方法进行描述，其描述对象由状态转变为动作。由于动作发生频次远低于状态，忽略每 15min 内动作发生概率的变化，将每 15min 内动作发生的概率求平均值拟合如下：

在单个案例分析中，只突出对比对象不同点，其他因素保持相同或尽可能一致，选取用餐次数、地区、清洗方式、人数及年龄五个因素。

（1）不同用餐次数

图 3.9-14 表示不同用餐次数下平均开启动作概率多峰高斯拟合情况。

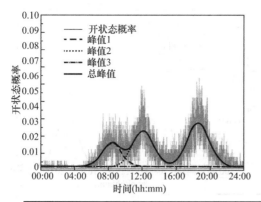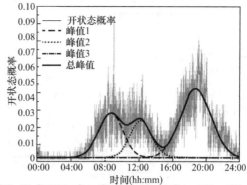

北京	面积	中心	宽度	高度	
1	75.99	15024.97	4048.47	0.0150	拟合优度R^2=0.74
2	127.13	21718.92	4397.09	0.0231	y_0=0.00144
3	166.47	33358.21	4708.12	0.0282	
上海	面积	中心	宽度	高度	
1	177.71	15484.76	5008.13	0.0283	拟合优度R^2=0.77
2	132.77	21869.18	4471.99	0.0237	y_0=0.00164
3	365.27	33744.09	6555.61	0.0445	

（注：计算步长为2s）

图 3.9-12　北京（左）、上海（右）开启状态概率多峰高斯拟合及结果

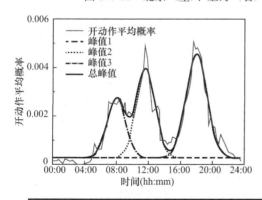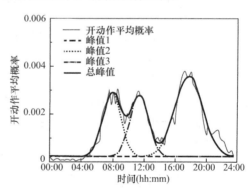

北京	面积	中心	宽度	高度	
1	0.0286	32.79	9.22	0.0025	拟合优度R^2=0.95
2	0.0426	47.42	9.19	0.0037	y_0=2.5E-04
3	0.0567	72.89	10.48	0.0043	
上海	面积	中心	宽度	高度	
1	0.0307	32.60	9.21	0.0027	拟合优度R^2=0.95
2	0.0290	46.45	9.21	0.0025	y_0=2.3E-04
3	0.0599	71.91	14.26	0.0034	

（注：计算步长为15min）

图 3.9-13　北京（左）、上海（右）平均开启动作概率多峰高斯拟合及结果

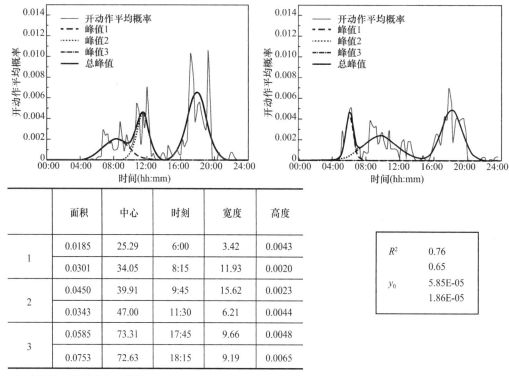

面积	中心	时刻	宽度	高度
0.0185	25.29	6:00	3.42	0.0043
1 0.0301	34.05	8:15	11.93	0.0020
0.0450	39.91	9:45	15.62	0.0023
2 0.0343	47.00	11:30	6.21	0.0044
0.0585	73.31	17:45	9.66	0.0048
3 0.0753	72.63	18:15	9.19	0.0065

R^2	0.76
	0.65
y_0	5.85E-05
	1.86E-05

注：每计数一次为15min，下同。

图 3.9-14 用餐次数多（左）少（右）平均开启动作概率多峰高斯拟合及结果

不同用餐次数在动作发生的时间分布（x_c，w 值）有一定差异，发生的次数 A 值也有一定差异。

（2）不同地区

不同地区动作发生的中心时刻（x_c）差异较小，动作发生分布及峰值（w，y_c）差别较大，最低发生概率（y_0）差别较大。上海选取对象出现了第四个波峰。结果如图 3.9-15 所示。

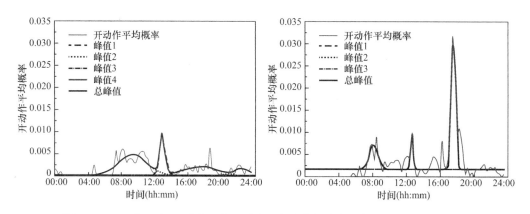

图 3.9-15 上海（左）、北京（右）平均开启动作概率多峰高斯拟合及结果（一）

	面积	中心	时刻	宽度	高度
1	0.0750	38.55	9:30	13.14	0.0046
	0.0271	33.67	8:15	3.89	0.0056
2	0.0275	53.01	13:00	2.37	0.0092
	0.0116	51.84	12:45	1.05	0.0088
3	0.0332	71.54	17:45	13.61	0.0019
	0.0708	71.40	17:30	1.83	0.0308
4	0.0119	90.59	22:30	6.22	0.0015
	None	None		None	None

1.1.1. R^2		1.1.2. **0.73**	
		1.1.3. 0.81	
1.1.4. y_0		1.1.5. 1.34E-04	
		1.1.6. 0.0015 2	

图 3.9-15 上海（左）、北京（右）平均开启动作概率多峰高斯拟合及结果（二）

（3）清洗方式

清洗方式分为两种，盆洗（将水接入容器后清洗）及冲洗（开启水龙头用流水洗）。不同清洗方式下，动作发生的中心时刻（x_c）差异较小，动作发生分布及峰值（w，y_c）差别较大，最低发生概率（y_0）差别较大。结果如图3.9-16所示。

（4）不同人数

不同家庭人数情况下，动作发生的中心时刻（x_c）差异较大，动作发生分布及峰值（w，y_c）差别较大，峰面积 A 值差别较大，4口之家出现第四个波峰。结果如图3.9-17所示。

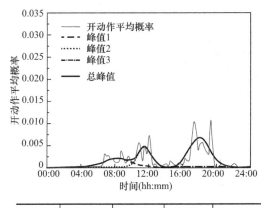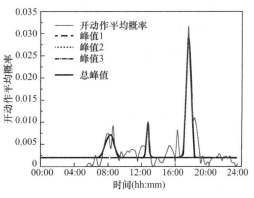

	面积	中心	时刻	宽度	高度
1	0.0301	34.05	8:15	11.93	0.0020
	0.0271	33.67	8:15	3.89	0.0056
2	0.0343	47.00	11:30	6.21	0.0044
	0.0116	51.84	12:45	1.05	0.0088
3	0.0753	72.63	18:00	9.19	0.0065
	0.0708	71.40	17:45	1.83	0.0308

1.1.7. R^2		1.1.8. 0.65
		1.1.9. 0.81
1.1.10. y_0		1.1.11. 1.86E-05
		1.1.12. 0.00152
1.1.13.		1.1.14.

图 3.9-16 盆洗（左）、冲洗（右）平均开启动作概率多峰高斯拟合及结果

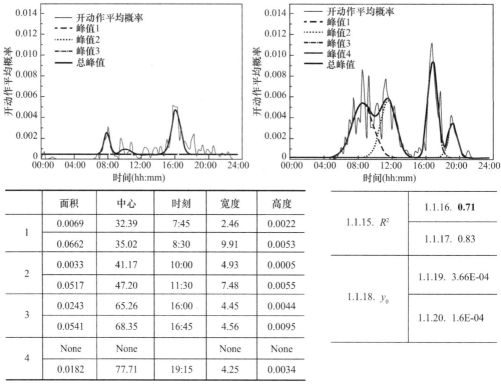

	面积	中心	时刻	宽度	高度
1	0.0069	32.39	7:45	2.46	0.0022
	0.0662	35.02	8:30	9.91	0.0053
2	0.0033	41.17	10:00	4.93	0.0005
	0.0517	47.20	11:30	7.48	0.0055
3	0.0243	65.26	16:00	4.45	0.0044
	0.0541	68.35	16:45	4.56	0.0095
4	None	None		None	None
	0.0182	77.71	19:15	4.25	0.0034

1.1.15. R^2	1.1.16. **0.71**
	1.1.17. 0.83
1.1.18. y_0	1.1.19. 3.66E-04
	1.1.20. 1.6E-04

图 3.9-17 三口之家（左）和四口之家（右）家庭平均开启动作概率多峰高斯拟合及结果

（5）不同年龄

年龄指主要在厨房用水家庭成员的年龄。动作发生的中心时刻（x_c）差异较大，动作发生分布及峰值（w，y_c）差别较大，A 值差别较大。结果如图 3.9-18 所示。

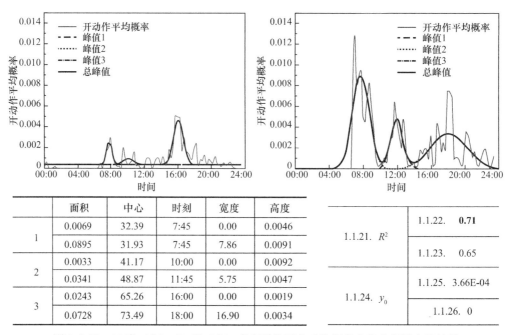

	面积	中心	时刻	宽度	高度
1	0.0069	32.39	7:45	0.00	0.0046
	0.0895	31.93	7:45	7.86	0.0091
2	0.0033	41.17	10:00	0.00	0.0092
	0.0341	48.87	11:45	5.75	0.0047
3	0.0243	65.26	16:00	0.00	0.0019
	0.0728	73.49	18:00	16.90	0.0034

1.1.21. R^2	1.1.22. **0.71**
	1.1.23. 0.65
1.1.24. y_0	1.1.25. 3.66E-04
	1.1.26. 0

图 3.9-18 44 岁（左）、53 岁（右）家庭平均开启动作概率多峰高斯拟合及结果

（6）用水时长分布概率分析

分别以北京、上海调查对象处所得数据为样本代用水时长模拟函数，因为两地调查对象单次开启最长时间未超过 15min（900s），所以 k 取 [1，450] 之间的整数值。计算结果如图 3.9-19 所示。

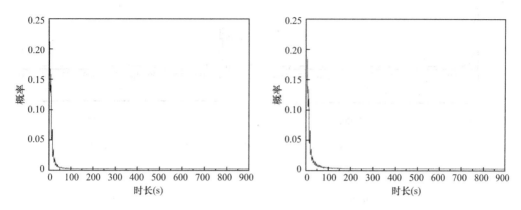

图 3.9-19　北京（左）、上海（右）开启持续时长概率分布

可以发现，随着每次开启时间增长，发生概率呈递减趋势。通过观察，发现可以使用指数函数对开启时长的概率分布进行描述，指数函数公式描述为：$y=y_0+Ae^{R_0 x}$，该函数各项示意图示如图 3.9-20所示。

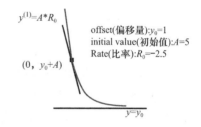

图 3.9-20　指数函数各项示意图示

式中　y_0——函数最低值，表征定义域（$k \times 2s$）内一次开启水龙头时长为该点自变量值时发生的最低概率；

　　　A——强度，其值为自变量取值为 0 时的函数值，此处可近似表征开启一次时间最短（2s）发生概率大小；

　　　R_0——增长幅度（下降幅度），A 与 R_0 的乘积表示函数的增减趋势，此处可近似表征开启一次时间增加时发生概率降低的幅度。

通过以上说明，可以认为 A 可以表示开启时长较短时发生的概率大小，R_0 可以表示随着开启时长增加，发生概率减小幅度。

利用上述方法对北京、上海进行拟合发现（图 3.9-21），描述开启时长概率曲线的参数之中，y_0 值上海较大，意为开启最低概率较高；A 值北京较高，表示开启 2s 的概率北京较大；R_0 绝对值北京较大，表示随着开启时间加长，概率降低速率较快。通过数值比较，发现在开启时间短于 16s 时，北京开启分布较多，即开启时间短于 16s 的开启水龙头情况中，北京的发生概率高于上海的发生概率，长于 16s 时情况相反。这也说明了在开启次数相近的情况下，用水量及用水时间差异较大的原因，就是上海开启时间较长（长于 16s）的比例较大。

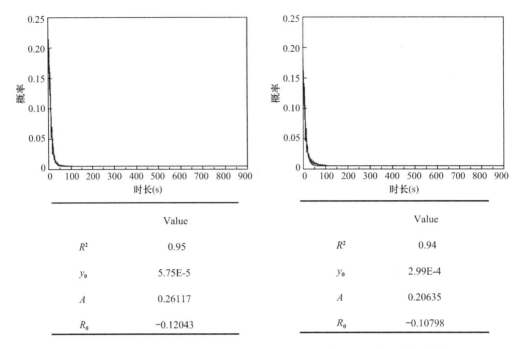

	Value			Value
R^2	0.95		R^2	0.94
y_0	5.75E-5		y_0	2.99E-4
A	0.26117		A	0.20635
R_0	-0.12043		R_0	-0.10798

图 3.9-21　北京（左）、上海（右）开启持续时长概率分布指数函数拟合结果

（7）基于动作发生概率及时长概率函数的实际用水量模拟

1）用水行为模拟方法描述及编程逻辑

通过时变的开启动作概率函数与持续时长的概率分布函数耦合，并考虑实际因素对各参数影响，编写程序模拟实际行为情况：

$$F(1) = y_0 + f(x_1) + f(x_2) + f(x_3) \tag{3.9-1}$$

$$f(x) = \frac{A}{w \sqrt{\pi/2}} e^{-2\frac{(x-x_c)^2}{w^2}} \tag{3.9-2}$$

$$F(2) = y_0 + Ae^{R_0 x} \tag{3.9-3}$$

上式表示具有三个用水高峰时段的情况下，家庭厨房用水的开启动作概率函数与持续时长的概率分布函数。式（3.9-1）表示全天开启动作发生概率，式（3.9-2）表示各波峰的概率函数，式（3.9-3）表示全天的持续时长的概率分布。首先通过式（3.9-1）判断是否出现开启水龙头的动作，如果发生开启动作事件，运用式（3.9-3）判断本次开启动作发生后持续开启状态的时间。忽略开启时长分布概率在时间上的不均匀性及开启状态对开启动作的影响。

若要实现上述概率耦合计算，需要运用随机数对动作发生概率及持续时长进行判断，需要借助编程软件实现。运用数学软件 Matlab 编写程序，实现上述算法，在程序中，输出结果为 1 表示此时水龙头处于打开状态，输出结果为 0 表示水龙头处于关闭状态。程序逻辑如图 3.9-22 所示。

2）参数输入计算

为检验模型效果，将图 3.9-9 中北京地区一天内平均开启概率的参数值输入模型，

作为 $F(1)$ 的参数值。需要注意的是，在
图 3.9-9 中步长设置为 15min，而在计算中
步长为 2s，所以在拟合曲线中需要以 2s 为
步长进行取点，再输入程序模型。

对于开启时长概率模型，为提高模型的
精确程度，将一段概率曲线进行分段描述，
分界点取 80s。即在开启时长为 0～80s 时拟
合一段曲线，表征开启时长为该范围内的概
率曲线，在开启时间为 80～900s 时拟合一
段曲线，意义相同。程序在计算过程中，会
先判断开启持续时长，当时长确定后，会选
取该时长对应的概率曲线选取数值。具体
拟合函数及数值如图 3.9-23 所示。

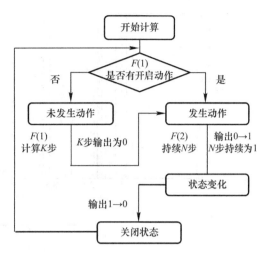

图 3.9-22　用水行为模拟逻辑

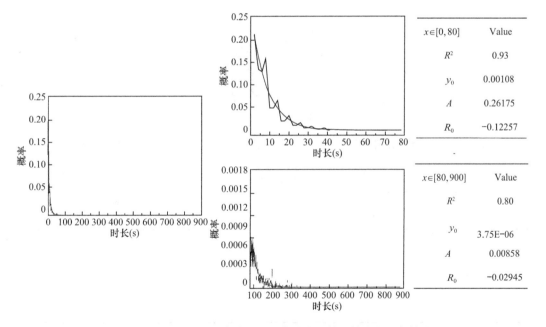

图 3.9-23　北京开启持续时长概率分布指数函数分段拟合结果

3）实际用水量

将上述参数输入程序后，对实际家庭厨房用水行为进行模拟，图 3.9-24 为模拟结
果示意图（其中 1 代表龙头为开启状态，0 代表龙头为关闭状态）。

可以发现模拟结果与实际用水情况相近，每次模拟都相当于一次独立的用水行为，
所以无法做到与实际情况一模一样。

运用程序对家庭实际用水情况进行 100 次模拟，统计出平均值、中位数等统计参
数，并与在北京实际测量得到的数据进行对比，得到如下结果（表 3.9-4）。

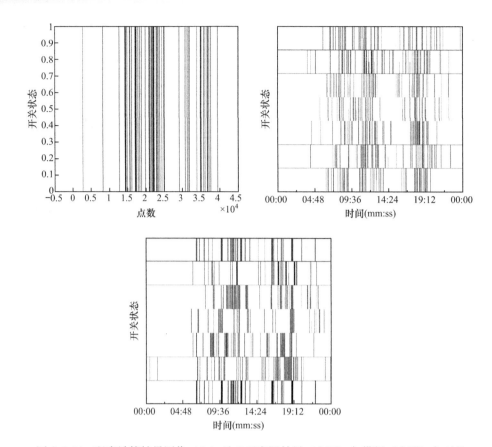

图 3.9-24　程序计算结果图像（上）及 7 天实际结果（左下）与模拟（右下）与对比

用水实测数据及模拟结果统计指标对比　　　　　　　　表 3.9-4

	一天开关次数		一天开启时间（s）	
	实际	模拟	实际	模拟
平均值	68.44	65.67	863	926
中位值	60	66	790	848
最大值	147	88	1812	1954
最小值	5	44	58	450
标准差	42.83	7.44	482.55	326.82

在实测数据方面，由于开关次数及开启时间不遵从正态分布，所以使用拉依达准则对数据进行处理，其 95.7% 置信区间为 $[\mu-2\sigma,\ \mu+2\sigma]$，实测开关动作与开启时间 95.7%，置信区间分别为 [5，174] 和 [58，1828]，模拟所得平均值落在置信区间范围内。但是在极值及标准差项目中，开关次数的实际值与模拟值相差较大，原因在于本次模拟的开关次数输入值代表北京平均情况，对于极端的多次使用水龙头及很少使用水龙头的情况涵盖情况一般。

上述为模型的正确性验证。对于预测用水情况方面，可以通过分组对比的方法进行。将已有的北京 30 户居民分为两组，一组 15 户。对一组的实测数据进行拟合，得到曲线参数之后进行模拟，将模拟结果与另一组的实测数据进行对比，以此来验证该模型预测的准确性，将提供参数的分组称为参数组，将对比验证的一组称为对照组。参数组拟合参数如表3.9-5所示。

参数组模拟输入参数（上为动作概率，下为时长概率） 表3.9-5

	面积	中心	宽度	高度	
1	0.0333	34.51	10.06	0.0026	拟合优度 $R^2=0.93$
2	0.0402	48.98	9.26	0.0035	$y_0=2.74E-4$
3	0.0632	73.97	9.83	0.0035	

$x\in[2, 78]$	Value	$x\in[80, 900]$	Value
R^2	0.94	R^2	0.75
y_0	4.7E-4	y_0	5.79E-05
A	0.30324	A	0.03434
R_0	−0.1399	R_0	−0.04918

将以上参数输入程序，进行100次模拟，得到以下结果（表3.9-6）。

参数组与对照组统计指标对比 表3.9-6

	开关次数		开启时间（s）	
	参数组	对照组	参数组	对照组
平均值	69.97	63.3	1022	912
中位值	70	58	882	818
最大值	89	133	1686	1888
最小值	53	5	398	58
标准差	8.038	35.97	425.26	491.02

可以发现，参数组与对照组开关次数与开启时间的平均值、中位值相差不大，说明可以通过部分住户的数据，预测当地其他住户用水行为的平均情况。模型的不足之处在于模拟结果的离散情况不是很好，需要进一步优化。

3.9.4 小结

在入户实测方面，本研究对北京、上海两地共60户居民的家庭厨房用水情况进行了入户调查，发现北京户均日用水量为68.86L，上海为134.80L，上海用水量为北京的近2倍。而在用水动作，即开、关水龙头方面，北京、上海相差不大；引起用水量巨大差异的来源在于相邻开、关水龙头动作的平均间隔时间相差较大，即每次开启水龙头后平均持续时间相差较大。

通过分析对比北京、上海两地非动作因素，发现非动作因素不是影响用水量的主要原因，需要深入研究用水的主观动作行为。

为深入探究用水动作、状态发生的规律，首先求出两地水龙头开启状态及开水龙头动作在一天之内发生概率的分布情况，运用多峰高斯函数对以上两种概率函数进行了拟合，明确了高斯函数各参数的物理意义，并对典型住户的水龙头开启动作进行了拟合，发现不同住户的拟合结果相差较大。之后求出两地单次开启时长在不同时间长度上的概率分布，运用指数函数对该概率函数进行拟合，明确了指数函数各参数的物理意义，并进一步发现，上海用水时间长的原因在于，单次开启时长较短的概率分布低而开启时长较长的概率分布较高。

最后运用动作发生概率函数与单次开启时长概率函数耦合，并借助数学软件 Matlab 编写程序对实际家庭厨房用水情况进行模拟。该模型模拟的用水情况与实际用水情况相近，对实测得到的用水动作及状态的平均情况有较好的描述，并且可以通过少量实测对其他同地区的住户的平均情况进行预测。但是对于较极端（开关次数极多或极少）的情况，模型并不能很好的涵盖，即模型模拟所得结果的离散程度小于实际测量所得数据。所以在模拟较极端用水情况方面，模型仍需优化。

参考文献

[1] 国家统计局城市社会经济调查司. 2014 中国城市统计年鉴 [M]. 北京：中国统计出版社，2014.

[2] 褚俊英，陈吉宁，王灿. 城市居民家庭用水规律模拟与分析 [J]. 中国环境科学，2007，27（2）：273-278.

[3] Willis R M，Stewart R A，Panuwatwanich K，et al. Quantifying the influence of enviro-nmental and water conservation attitudes on household end use water consumption [J]. Journal of Environmental Management，2011，92（8）：1996-2009.

[4] Willis R，Stewart R A，Panuwatwanich K，et al. Gold coast domestic water end use study [J]. Peter Sterling，2009，36（6）.

[5] Syme G J，Shao Q X，Po M，et al. Predicting and understanding home garden water use [J]. Landscape & Urban Planning，2004，68（1）：121-128.

[6] Wilke U，Haldi，Frédéric，et al. A bottom-up stochastic model to predict building occupants time-dependent activities [J]. Building and Environment，2013，60：254-264.

[7] Motuziene V，Vilutiene T. Modelling the effect of the domestic occupancy profiles on predicted energy demand of the energy efficient house [J]. Procedia Engineering，2013，57：798-807.

[8] 中国气象数据网. http：//data. cma. cn/.

[9] 社会大数据研究平台. http：//data. cnki. net/.

4 公共建筑用能行为专题研究

公共建筑中空调、照明、窗户、遮阳、设备、人员在室等对建筑能耗有重要的影响，本章利用现场调研、软件模拟等方法，分别对办公建筑中空调使用行为、开窗行为、遮阳行为及设备使用行为，以及酒店建筑人员在室行为特征进行研究。

4.1 办公建筑夏季空调调控行为调查研究

在大型办公建筑中，空调能耗是建筑能耗的重要组成部分，占建筑总能耗的30%～40%[1]。我国对于空调用能行为的研究还处于起步阶段，对于不同类型的建筑还需要进一步的分类研究[2-3]。基于此，本研究以夏热冬冷地区为例，对开放式办公室夏季空调用能行为开展研究。对南京地区三个开放式办公室进行了问卷调研和现场测量。研究中对室内外温度、PM$_{2.5}$浓度、人员作息规律、空调启用状态等对空调用能行为具有重要影响的参数进行问卷调研和逐时测试。主要目标为通过对问卷调研结果和实测数据的分析，得出开放式办公室内各参数对空调用能行为的影响。

4.1.1 研究对象

相较于单人办公空间，开放式办公空间的空间尺度更大、组织方式更灵活，进而人员类型更复杂、可调控设备种类也更多样。因此，开放式办公空间内的人员调控行为可能存在多种模式，且受多种因素影响。

本研究主要研究夏热冬冷地区开放式办公空间内的人员空调调控行为。为了更全面的探究不同空间尺度和不同通风方式的开放式办公空间内的人员空调调控行为，选取了南京市范围内三个面积类型稍有差异的开放式办公空间作为调研测试对象。三个开放式办公空间分别位于校园内、住宅区内和商业办公区内；面积分布为60～200m²；人员类型涵盖了在校学生和从业人员。测试对象基本情况如表4.1-1所示。

测试对象基本信息　　　　　　　　　　　　　　　　　　　　　表 4.1-1

	面积（m²）	楼层	朝向	通风类型
测试对象 A	56	五层	西	混合自然通风
测试对象 B	110	一层	南	混合自然通风
测试对象 C	172	六层	东	混合自然通风

测试对象 A：江苏省南京市某校园内的一间开放式办公空间

测试对象 A 是南京某高校内的一间学生工作室，该办公空间被中间隔墙分为南北两个部分，平面图如图 4.1-1 所示。该工作室内办公区域面积约为 $80m^2$（包括 $56m^2$ 的

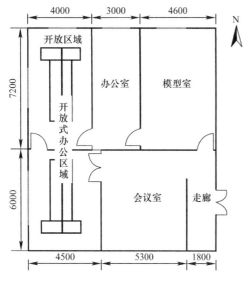

开放式办公区域和一间单人办公室），西侧和北侧为双层可推拉式外窗，采用窗帘内遮阳。办公室西南角和西北角各有一台柜式空调，办公室内采用自然通风和机械通风混合的通风方式。南北两个办公区域内各有 10 人，人员类型为在校大学生。

测试对象 B：江苏省南京市某居民区内的一间开放式办公空间

测试对象 B 位于南京某三层高办公建筑的西一层，整个办公室内部开敞通透，周围被居民楼和树木环绕。该办公室由中间开放的办公区域和围绕在四周的四间相对独立的单人办公室组成，故本研究仅关注中间开放办公区域，平面图如图 4.1-2 所示。该开放

图 4.1-1 测试对象 A 平面图

办公区域的面积约为 $110m^2$（不包括门厅），南北各三组推拉式外窗，双层玻璃内夹遮阳隔层，办公区域四角有 4 台柜式分体空调用于空气调节。整个办公区域采用自然通风和机械通风混合的通风方式。常驻办公人员约 20 人，人员类型多样，包括在校研究生、建筑设计专业从业人员和建筑水暖电相关从业人员。

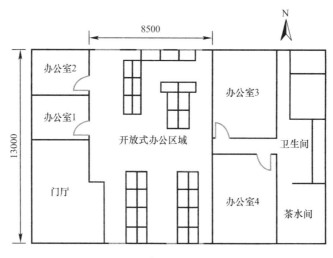

图 4.1-2 测试对象 B 平面图

测试对象 C：江苏省南京市某商业办公区内的一间开放式办公空间

测试对象 C 所在的办公楼属于某商业办公街区。该开放式办公空间位于此楼六层的走廊尽头，$172m^2$ 的空间被划分为开放办公区域、会议室和单人办公空间，平面图如图 4.1-3所示。办公室东西南三侧均设有外推式可开启外窗，由于南侧为单人办公空间，

故不列入调研范围。遮阳采用内置窗帘，办公室内人员主要为建筑相关专业从业人员，约35人。

表4.1-2汇总了三个开放式办公空间的室内环境及外窗/空调形式。三个测试对象内的工位都按照相邻且开放式的方式布置。测试对象A和B的外窗形式相近，都为推拉式可开启外窗，尺寸稍有不同，测试对象C内则采用外推式外窗，可开启程度较小。三个测试对象都采用自然通风与机械通风结合的混合式通风方式进行室内通风环境调节，但测试对象A、B内的自然通风条件较好，测试对象C内还是以机械通风为主。

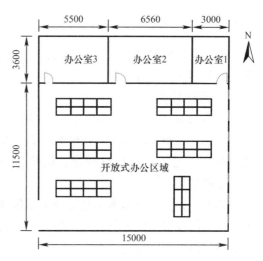

图4.1-3　测试对象C平面图

测试对象室内情况及窗户/空调形式对比　　　　　表4.1-2

	测试对象 A	测试对象 B	测试对象 C
室内环境	南京市某高校内	南京市某居民区内	南京市某商业办公区内
外窗形式	推拉式外窗	推拉式外窗	外推式外窗
空调系统形式	柜式分体空调/两台	柜式分体空调/四台	带有新风的中央空调系统

4.1.2 研究方法

本研究采用问卷调查、现场测试等方法，调研办公建筑室内外环境、人员在室情况、空调调控行为等。

1. 问卷调研

问卷共分为五部分：办公人员基本信息、空调调控行为方式、调控行为影响因素分析、办公区域内环境评价及期望、办公建筑中的健康问题。通过对问卷数据的统计分析，希望得出作息规律、调控行为习惯、影响因素的权重和室内环境满意度4方面的结果。

其中，办公人员基本信息部分主要包括性别、年龄及办公时间。采用刻度法对办公人员一周内在室情况进行统计，从而反映人员作息规律，便于和后期的实测数据进行对比分析、总结实际作息规律。

在空调调控行为方式和调控行为影响因素分析这两个部分，问卷从被调研人员的主观感觉出发，对人员的调控行为习惯和主观感觉影响因素进行分析。空调调控行为方式部分对空调开启原因、关闭原因和设定温度进行了调研。而影响因素则对温度、湿度、作息规律和距离这四个因素进行了调研。

开放式办公空间中的人员之间会相互影响，所以定量分析各影响因素之间的权重关系就显得尤为重要。因此，在调控行为影响因素分析部分采用层次分析法，根据人员的可区分程度划分9个重要性等级，分别对温度、湿度、作息规律、距离这四个因素进行两两比较分析。

2. 现场测试

为了记录基础环境数据和人员调控行为，本研究对三个开放式办公空间展开实测调研。为了获得持续的记录数据，研究中采用了带有自记功能的测试仪器，对温度、湿度、CO_2浓度、$PM_{2.5}$浓度、窗户的开关状态和空调设备的启停状态及人员在室情况进行了测试。所有测量设备均采用5min的时间步长进行数据记录。为了获得室内人员活动范围内的环境参数，相关测试仪器布置位置高度为距地面0.75m左右。基于所需记录的各项参数，分别选取室内外的测试点，具体测点布置如图4.1-4所示。

具体测试内容及方法如下，测试仪基本参数和功能如表4.1-3所示。

（1）基本环境参数

本研究对室内外温度、湿度（WSZY-1温湿度自记仪），CO_2浓度（EZY-1二氧化碳自记仪），$PM_{2.5}$（$PM_{2.5}$自记仪）进行了连续测试，为后续分析调控行为与环境因素之间的关系提供基础数据支持。CO_2除了作为基本环境参数外，还可以在一定程度上辅助判断人员在室情况。

（2）调控行为

测试阶段同时记录了窗户开闭状态（CKJM-1磁开关记录仪）和空调启停状态（WSZY-1温湿度自记仪）。测试空调启停状态时，采用温度变化法，即将温湿度记录仪放置于空调顶部，使传感器对准出风口，后期根据温湿度计记录的温度是否急剧变化来判断空调启停行为。

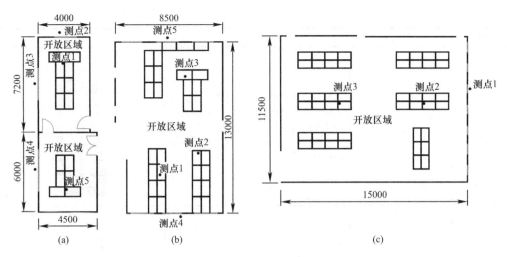

图 4.1-4　测试对象内测点布置图

(a) 测试对象 A；(b) 测试对象 B；(c) 测试对象 C

（3）人员在室情况

人员是否在室是研究人员调控行为的前提条件之一。本研究通过问卷调研结果确定开放式办公室内的主导人员（更倾向调控设备状态的人员），采用红外线人员感应装置对其在室情况进行记录（HOBO Occupancy/light Logger UX90-006），同时用 CO_2 测试数据辅助判断办公区域内是否有人员在室。另外本研究也适当地选取了非主导人员对其在室情况数据进行收集。

测量设备详情　　　　　　　　　　　　　　　　表 4.1-3

测量参数	测量设备	设备功能	设备照片
二氧化碳	EZY-1 二氧化碳自记仪	二氧化碳浓度测量和记录仪表，可以实现长时间、高精度的连续采集。测量范围：0～5000ppm，测量精度：±75ppm 或读数的 10%	
$PM_{2.5}$	$PM_{2.5}$ 自记仪	$PM_{2.5}$ 自记仪同时可以测量温湿度以及 $PM_{2.5}$ 和 PM_{10} 的数据，并且进行自记	
温湿度	WSZY-1 温湿度自记仪	温湿度自记仪能定时对目标环境温度、湿度进行自动测量。测量范围：温度：−40～100℃；湿度：0～100% RH。仪表分辨率：温度：0.1℃；湿度：0.1%RH	

测量参数	测量设备	设备功能	设备照片
窗户开启状态	CKJM-1 磁开关记录仪	磁开关记录仪能测量并记录磁感应开关状态，能够自动定时对环境中的磁场状态进行测量，并把测量结果以开关量的形式保存在存储器中。测量范围：最大磁场感应距离 30mm	
人员在室情况	HOBO Occupancy/ lightLogger UX90-006	HOBO Occupancy/light Logger 是一款热释电红外（PIR）传感器，可以通过红外探测记录人员是否在室和照明灯具是否开启的情况。测试范围：12m 半径内	

4.1.3 研究结果

研究初期，分别对三个开放式办公空间内的办公人员发放了 41 份问卷，共收回有效问卷 33 份（其中测试对象 A：8/10；测试对象 B：14/20；测试对象 C：11/11）。

测试对象 A 的数据收集时间为 2018.01－2018.06，由于其 2018 年夏季进行了室内装修，因此没有收集到夏季数据。测试对象 B 的数据收集时间为 2016 年和 2018 年的夏季。测试对象 C 的数据收集时间为 2018 年一整年。测点布置情况如图 4.1-4 所示，数据收集情况如表 4.1-4 所示。

实测数据收集情况　　　　　　　　　　　　　　　　　表 4.1-4

测试对象编号	数据收集起止日期	调控行为
A	2018.01－2018.06	空调/窗户
B	2016.08－2016.10 2018.07－2018.09	空调/窗户
C	2018.01－2019.01	空调/窗户

基于收集到的问卷和实测数据，进行了综合统计学分析。在呈现分析结果之前，需要说明的是，在本研究中窗户/空调开关动作和窗户/空调状态是两个不同的概念。基于开关动作的分析只关注于状态改变那一时刻的影响参数，重点是探究开关动作发生的条件。而基于状态的分析着眼于测试期间每一个数据收集时间点的设备状态，不考虑前后时刻的影响，重点是探究设备保持开或者关状态的规律性。具体分析结果如下。

1. 基本情况

如表 4.1-5 所示，为三个开放式办公空间内的办公人员基本信息。可以看出人员年龄集中在 20～30 岁，男女比例并无明显差异。

测试对象内办公人员基本信息 表 4.1-5

测试对象编号	人员总数	年龄段	性别比例（男：女）	人员类型
A	8	20～30	1：1（4/4）	建筑学院研究生（8）
B	14	20～30	4：3（8/6）	建筑学院研究生（8） 建筑设计专业从业人员（2） 建筑水暖电工程师（4）
C	11	20～30	4：7（4/7）	建筑节能改造工程师（9） 建筑景观设计从业人员（2）

通过对性别和设备调控行为的交叉分析可以发现，性别因素导致的调控行为差异仅仅体现在空调启停行为上。对比分析图直观地展现了各项触发因素所占比例在性别上的差异，如表 4.1-6 所示。整体来看，男性对于室内温度的感受更为敏感，更多的对空调启停状态产生影响，而女性则更倾向于让别人调节空调。

空调启停行为统计 表 4.1-6

空调启停行为 触发因素		男（12）	女（13）	对比分析图
开启方式	基本不管，让别人管	0.33（4/12）	0.54（7/13）	
	一进办公室就开	0.17（2/12）	0.15（2/13）	
	觉得热时开	0.67（8/12）	0.46（6/13）	
	夏天一直开	0.33（4/12）	0.08（1/13）	
关闭方式	不能自己关	0	0.08（1/13）	
	基本不管，让别人管	0.25（3/12）	0.23（3/13）	
	下班时关	0.33（4/12）	0.31（4/13）	
	人员离开办公室时关	0.58（7/12）	0.23（3/13）	
	觉得冷时关	0.58（7/12）	0.38（5/13）	

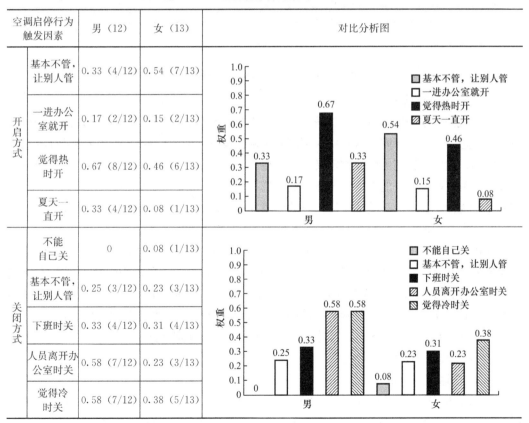

2. 作息规律

（1）问卷调研结果

根据问卷第一部分工作时间刻度表收集的数据来看，三个测试地点的人员作息有明显差异。测试对象 A 属于高校学生工作室，所以作息时间较为随机，周一到周日上下午均没有明显规律。而测试对象 C 内办公人员从属于公司，有明确的上下班时间：上午

8：30 上班，下午 17：30 下班。测试对象 B 由于其内部人员类型多样，故作息规律介于 A 和 C 之间。如图 4.1-5 所示，虽然由于人员工作性质不同，在室工作时长具有差异，但总体相对集中。主要可以将人员作息分为 09：00～12：00、13：00～17：30、18：30～23：00 这三个时间段，从图 4.1-5 中还可以发现，人员作息有明显的午休和晚饭时间，但是晚上作息时间相对较为随机。

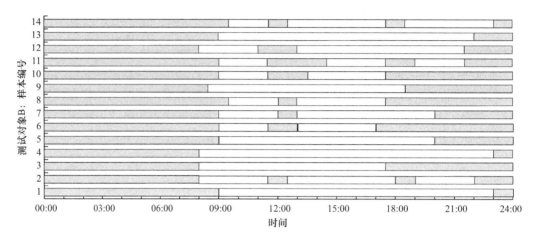

图 4.1-5　测试对象 B：人员作息规律时间表（问卷调研结果）

（2）实测调研结果

开放式办公空间内普遍存在集群效应，即人员之间会相互影响，最终表现出一种行为特征。通过问卷，本研究发现有些人更倾向于调控设备，而他们的行为对设备最终状态有较大影响，因此本研究中将他们定义为"主导人员"，该"主导人员"为问卷 B 01 问题中选择"经常"调控设备的人群。因此实测中选择主导人员进行调研，从而确定主导人员的实际作息规律，为进一步验证主导人员的作息规律和调控行为之间的规律做准备。

1）测试对象 A

实测过程对测试对象 A 内的 5 位人员进行了作息记录，代号为人员 1～5。但是不论是问卷结果还是实测结果，测试对象 A 内的人员作息情况都较为随机。因此本研究选择了更倾向于调节设备状态（问卷分析结果）且在室时间最长的人员 3 进行一个月的作息图绘制，如图 4.1-6（a）所示。从中可以看出，该人员作息具有如下规律：

① 一般上午到达办公室，但时间在 8：00～12：00 均有可能；

② 下午离开办公室时间随机；

③ 存在通宵在室的情况。

图 4.1.6（b）对 2018.01.22—2018.06.28 期间 5 位人员的到达与离开办公室的时间进行了统计分析。图中每一个点对应一组到达时刻和离开时刻，图中共 563 组数据。可以看出到达时间相对较为集中，09：00 左右到达室内的情况最多。而离开时间从17：00～02：00 均有分布。由此可以看出，测试对象 A 内的人员普遍在室时间较长，但并无明显规律。

2）测试对象 B

从问卷统计和实测结果可以分析出人员 2 和人员 4 的作息时间基本覆盖其他 12 位

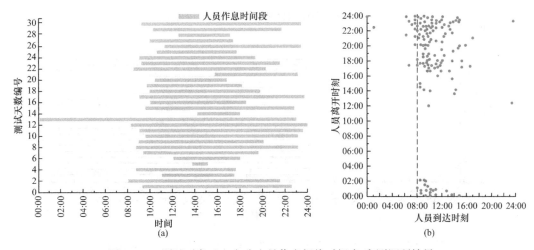

图 4.1-6　测试对象 A：办公人员作息规律时间表-实测调研结果

(a) 办公人员 3 作息规律（2018.01.22-2018.02.23）；(b) 办公人员到达离开时刻散点图

被调研人员的作息时间，因此在作息规律上也具有一定的代表性。通过问卷还可以发现在测试对象 B 中人员 2（建筑设计从业人员）和人员 4（建筑学院研究生）更倾向于经常调控设备状态，其行为特征较大程度地影响窗户最终状态。因此通过对人员 2 和人员 4 的实测作息数据进行收集，绘制主导人员作息时间表如图 4.1-7、图 4.1-8 所示。

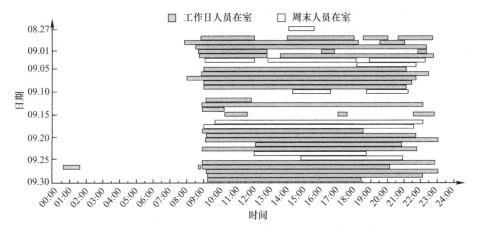

图 4.1-7　测试对象 B：办公人员 2 作息规律时间表（实测调研结果）

人员 2 作为建筑设计从业人员，除偶然外出情况外，工作日的主要作息规律如下：

① 上班时间固定 9：00 左右；

② 午休、晚餐时间不在办公室内（闲时）；

③ 全天一直在（忙时）；

④ 18：00 以后下班时间比较随机。

其中上班时间最为规律，固定在 09：00 左右。通过 IBM SPSS Statistics 对其 22 天的工作日上班时间进行了 95% 的置信区间分析，均值为 08：53；中值和标准差分别为 08：55 和 00：20；95% 信赖区间内的上限为 08：42，下限为 09：00。午休和晚餐时间有偶然性，但是办公区域人员较多，并不会因为人员 2 是否在室而导致室内无人从而影响设备状态。

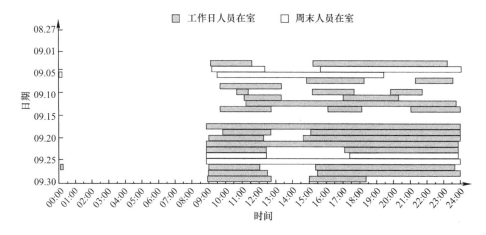

图 4.1-8　测试对象 B：办公人员 4 作息规律时间表（实测调研结果）

人员 4 作为建筑学院研究生，作息时间相较于人员 2 更为规律，具有如下主要特征：

① 早晚和午休时间较固定；

② 下午作息时间偶然性较大。

人员 4 的早晚作息都很规律，并且晚上离开办公室的时间相对固定。通过 IBM SPSS Statistics 对其 15 天的工作日上班时间进行了 95％ 的置信区间分析，均值为 09：06，中值和标准差分别为 09：00 和 00：21；95％ 信赖区间内的上限为 08：55，下限为 09：19。对其 15 天的工作日下班时间进行 95％ 的置信区间分析，均值为 23：44，中值和标准差为 23：47 和 00：13；95％ 信赖区间内的上限为 23：35，下限为 23：50。由此可以看出，人员 4 晚上离开办公室的平均时间都超过 23：00。

若将问卷结果和实测调研结果结合分析，则可以发现人员 2 的实际作息时间与问卷统计作息规律较为一致，人员 4 的实际作息时间在早晚与问卷统计作息规律较为一致，但下午的偶然外出情况较多。

3）测试对象 C

实测过程中分别对测试对象 C 内 6 位办公人员进行了在室情况记录，代号为人员 1～6。通过问卷调研发现，其中人员 1 和人员 5 更倾向于经常调控设备状态。而实测作息规律显示，测试对象 C 内的办公人员作息很有规律性和代表性，因此仅描绘了人员 1 一个月的上班作息情况，如图 4.1-9（a）所示。可以看出：

① 人员 1 的上班时间除个别天较早外，固定在 08：30 左右；

② 下班时间主要固定在 17：30 左右，但偶尔存在加班情况；

③ 有明显的双休，周末加班时间较为随机。

图 4.1.9（b）对 2018.01.18—2018.11.18 期间 6 位办公人员的到达时刻和离开时刻进行了分析，图中每一个点对应一组到达时刻和离开时刻，图中共 410 组数据。从图中可以明显地看出，人员到达时间集中在 08：00 左右，大部分离开时间为 17：30 以后。图中的零散点是因为办公过程中存在会议和出差等活动。为了更准确地分析数据，通过 IBM SPSS Statistics 对该 410 组数据进行了 95％ 置信区间分析。其中到达时刻均值为 08：42，中值和标准差分别为 08：20 和 00：05；95％ 信赖区间内的上限为

08：46，下限为 09：09。离开时刻均值为 19：22，中值和标准差分别为 19：13 和 00：07；95%信赖区间内的上限为 18：58，下限为 19：27。

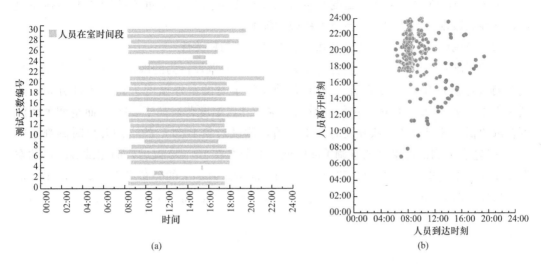

(a)   (b)

图 4.1-9　测试对象 C：办公人员作息规律时间表-实测调研结果

（a）办公人员 1 作息规律（2018.01.18—2018.02.26）；（b）办公人员到达离开时刻散点

因此可以看出，测试对象 C 内办公人员的作息具有明显的规律性。除加班、出差、会议、病假等偶然因素外，上班时间和下班时间均较为固定，这也符合问卷调研得到的规定上下班时间：08：30 上班，17：30 下班。

3. 空调调控行为与影响因素之间的关系

（1）影响因素权重分析结果——层次分析法

通过层次分析法对影响空调调控行为的因素进行分析。分析的影响因素包括：温度、湿度、空气质量、距离（工位距空调开关的距离）、风速（室内风速），其权重分析结果如图 4.1-10 所示。

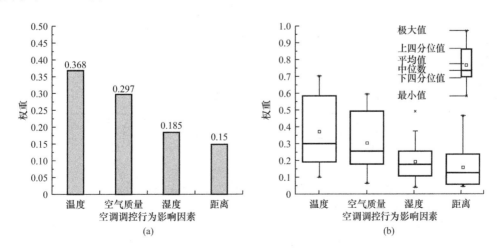

(a)   (b)

图 4.1-10　空调调控行为影响因素权重分析

（a）平均权重分布；（b）各因素权重离散型分布

从图 4.1.10（a）可以看到，温度（影响权重为 0.368）和空气质量（影响权重为 0.297）是影响空调调控行为的两个重要因素，这也符合人们的普遍认知。而如图 4.1.10（b）所示，人员在温度和空气质量两个因素哪个更重要的问题上还存在差异，这导致数据在温度和空气质量上离散性较大。

（2）空调调控行为与室外温度和人员作息规律的相关性

室外温度及人员作息是人们普遍认为会影响空调调控行为的因素。因此，本研究分别对测试对象 B 和 C 的空调开关时刻和动作发生时的室外温度进行了统计分析，如图 4.1.11所示。从图 4.1-11 中可以看出，空调开启温度普遍高于 26℃，而空调关闭温度普遍要低于开启温度。从开关时刻上来看，测试对象 B 和 C 的空调开启时刻都集中在9：00左右，测试对象 B 的空调关闭时间主要分布在18：00 以后，而测试对象 C 的空调关闭时间主要集中在 12：00 和 20：00 两个时刻。时刻上的分布规律主要是由于人员上下班作息时间影响，9：00 一般为办公人员上班时刻，而 12：00 和 20：00 一般为午

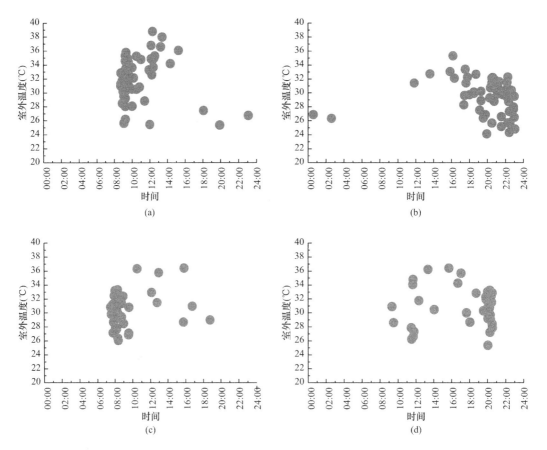

图 4.1-11　开关空调动作发生时刻及室外温度耦合分析

（a）测试对象 B：2016.08—2016.09 及 2018.07—2018.08（夏季）开空调动作发生时刻及室外温度；

（b）测试对象 B：2016.08—2016.09 及 2018.07—2018.08（夏季）关空调动作发生时刻及室外温度；

（c）测试对象 C：2018.06.18—2018.10（夏季）开空调动作发生时刻及室外温度；

（d）测试对象 C：2018.06.18—2018.10（夏季）关空调动作发生时刻及室外温度

休和下班时刻，其中测试对象 B 由于内部人员构成复杂，加班时间随机，所以空调关闭时间从18：00以后分散分布，但是 23：00 左右的关动作发生更多。由此可见，室外温度和人员作息是影响空调调控行为的两个重要因素。

由上述分析结果可以发现，测试对象 B 和 C 内的空调调控行为模式相近，而测试对象 B 的数据点相对较多，因此基于测试对象 B 内的实测数据，本研究绘制了空调状态与室内外温度间的关系图，如图 4.1-12所示。从图中可以看到，夏季室内温度较稳定，而室外昼夜温度一般在 23～40℃范围内波动，同时也存在连续几天室外温度偏低，稳定在 25℃左右的情况。图 4.1-12中最下方的折线代表窗户状态，0 为空调此时处于开启状态，1 为空调此时处于关闭状态。从上文的分析可知，空调调控模式与作息较为相关。图 4.1-12也表现出了相同的规律，从图中可以看出除温度较低（室外温度在 25℃左右）的几天外（图中画圈部分），办公建筑空调保持着早上开启、晚上关闭的调控模式。

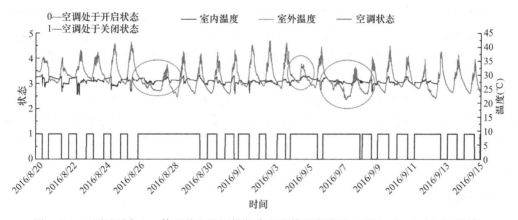

图 4.1-12　测试对象 B：体现的空调调控行为和室外温度关系（2016.08—2016.09 夏季）

4.1.4　小结

由以上研究可知，开放式办公室人员关系复杂，行为习惯也不尽相同。特别是由于群集作用的限制，不同个体间的用能行为往往存在相互影响。因此，开放式办公室人员空调调控行为具有随机性、差异性和从众特征，相比单人办公室的行为研究更为复杂。本研究通过问卷和实测相结合的方式，对影响人员空调调控行为的环境因素（室内外温湿度、CO_2 浓度、$PM_{2.5}$浓度）、作息因素（人员在室情况）进行了测试以及多方面耦合分析。从分析结果看，室外温度、作息规律为两个主要影响最终空调调控行为的因素。基于本研究，可以得到如下结论：

1. 调控行为有明显的空间性差异

三个开放式办公空间之间由于基本情况稍有不同，导致其室内人员调控行为表现出不同规律。

从办公类型上看，测试对象 A 和测试对象 B 同属于采用混合自然通风形式的开放式办公空间，均设有柜式空调及大量推拉式外窗，且室内办公人员作息时间并无强制上下班时间规定。而测试对象 C 虽然也属于混合自然通风形式的开放式办公空间，但其采用中央空调进行空气调节，外窗可调节程度较小，且室内办公人员按规定时间上下班。

这就导致了人员调控行为间的差异。从上文统计的数据来看，测试对象 A 和 B 内的人员空调调控行为发生的更为频繁。且相比于测试对象 A 和 B，测试对象 C 的人员空调调控行为更易受人员作息规律影响。

2. 开放式办公空间内的主导人员行为具有代表性

开放式办公空间内由于人员类型复杂，人员之间存在相互影响，本研究发现每间开放式办公空间内都存在主导人员，其作息时间范围较广，基本可以涵盖其他办公人员的在室时间，且更易产生调控行为，同时其调控行为较大地影响了空调的最终状态。因此，本研究认为，开放式办公空间内的主导人员行为具有代表性，可以作为后续研究的关键基础。

3. 开放式办公空间内的人员空调调控行为受室外温度、主导人员作息规律两个关键因素影响

夏季开放式办公空间内，基本全天开启空调进行室内热舒适调节。上述研究结果显示，夏季当温度高于 26℃，空调开启时间集中在 09：00 左右，即人员刚到办公室的时刻，而空调关闭时间随下班时间分布。因此，人员空调调控行为主要受室外温度、主导人员作息规律两个关键因素影响。

后续研究中，如何提取不同办公室的差异性行为特征属性，凝练有效的数学模型，进行模拟分析，从而反映不同办公室中行为差异带来的能耗差别，是需要进一步思考和探索的。在开放式办公室中，在关注主导人员的行为规律的前提下，尽可能激发大多数人员的调节行为，可能会带来新的节能潜力。

参考文献

[1] 周欣，燕达，安晶晶，等. 中美四地办公建筑的能耗对比及分析 [J]. 建筑科学，2014，30 (6)：55-65.

[2] 陈淑琴，潘阳阳，Yoshino H，等. 办公建筑空调使用行为定义研究 [J]. 建筑科学，2015，31 (10)：228-234.

[3] 虞洋，杨玉兰. 办公建筑夏季用能行为测试研究 [J]. 环境工程，2014：153-156

4.2 办公建筑不同空调系统形式的性能评估

采用全空气变风量集中空调系统（VAV 系统）以及多联机（VRF）、风机盘管（FCU）等半集中空调系统的办公建筑之间存在较大的空调能耗水平差异，而导致这种差异的一个重要原因就是 VRF、FCU 等系统形式具有房间末端灵活开关的能力[1,2]。本研究以某办公建筑为例，对上述现象进行模拟分析，由此观察不同空调系统形式在不同行为模式下的性能表现，从而说明用能行为对技术方案节能评估的影响。

4.2.1 研究对象

该办公建筑[3]位于北京，南北朝向，共 2 层，层高 3.6m。建筑平面图如图 4.2-1 所示，每层的南北向各有 10 间办公室，面积均为 10 m²。一层办公室全部是双人间，东侧是一个大会议室（72 m²）；二层办公室全部是单人间，东侧有两个小会议室（30 m²）。

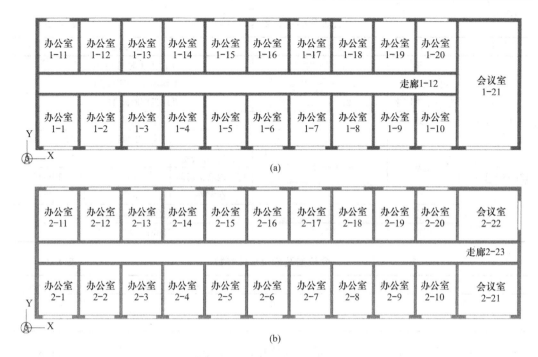

图 4.2-1　办公建筑的平面图

（a）一层；（b）二层

建筑外墙为聚苯板内保温 24 砖墙，传热系数 $K=0.564$ W/(m²·K)。外窗为镀 Low-e 膜中空玻璃窗，传热系数 $K=2.4$ W/(m²·K)。南向窗墙比为 0.5，北向窗墙比为 0.3。

各个办公房间的照明功率密度均为 9W/m²，一层办公室的设备功率密度为 15 W/m²，二层为 7.5 W/m²。研究两种空调系统形式——VRF 多联机系统和 VAV 全空气变风量系统[1,2]。两种系统的主要差别在于：前者系统 COP 较低，但末端允许人员自行启停，并可完全关闭；后者系统 COP 较高，但末端无法自行调节，不可完全关闭（因 VAV 风阀不能关死，必须有最低风量）。为比较 VRF 和 VAV 这两种空调系统的运行性能，作如下基本设定：

（1）空调系统全年运行时间为：夏季 6 月 1 日到 9 月 30 日，每天早 7：00 到晚 10：00。

（2）空调系统运行期间，办公室新风量按人均 30m³/h 恒定供应。

（3）空调末端均无再热装置。

（4）空调末端运行期间，房间设定温度为 26℃，相对湿度 60%。

（5）模拟计算的时间步长设为 5min。

4.2.2　研究方法

采用 DeST 软件，依次进行办公人员的移动行为、照明行为、设备使用行为、空调使用行为模拟[3-8]，即可最终得到建筑全年空调能耗。

办公人员的工作日作息见表 4.2-1，周末不上班。会议室的使用情况见表 4.2-2。其主要特点是，办公人员在工作时段内的活动较为灵活自由，外出机会较多，加班也较为频繁。

办公人员的主要事件与移动参数 表 4.2-1

工作日作息	事件	发生时间段	特征参数		
上班时间 8：00～17：00 午餐时间 12：00～13：00	上班	7：00～8：30	平时上班时间 8：00		
	出去吃午饭	11：30～12：30	平均出发时间 12：00		
	吃完午饭回来	12：30～13：30	平均返回时间 13：00		
	下班	17：00～22：00	平均下班时间 18：00		
	走动	8：00～17：00		停留时间比例	平均停留时间
			在自己办公室	60%	3h
			在室内其他房间	10%	10min
			在室外	30%	2h
	开会	8：00～17：00	见会议室参数设置		
	闭馆	22：00	闭馆时间 22：00		

会议室及会议事件参数 表 4.2-2

会议室类型	使用时间比例	会议平均时长	最少与会人数	会议类型人员构成
大会议室	5%	3h	20	内部会议
小会议室	20%	1.5h	4	内部会议

办公室照明行为模式是：觉得屋里暗时开，中午出去吃饭、下班或离开房间时关。设备的使用模式是：进屋时开，下班时关。具体行为参数见表 4.2-3。

办公人员的照明与设备使用模式 表 4.2-3

动作	模式	概率函数	特征参数
开灯	觉得屋里暗时开	$P = \begin{cases} 1-e^{-\left(\frac{u-I}{l}\right)^k} & \text{if } I < u \\ 0 & \text{if } I \geqslant u \end{cases}$ 其中，I 为房间照度	$u=300$ $\bar{l}=200(5\text{min})$ $k=3.5$
关灯	中午出去吃饭时关，下班时关	$P = \begin{cases} P_1 & \text{if 中午出去吃饭时} \\ P_2 & \text{if 下班时} \\ P_3 & \text{if 离开房间时} \\ 0 & \text{if 其他} \end{cases}$	$P_1=0.9$ $P_2=0.9$ $P_3=0.1$
开电脑	进屋时开	$P = \begin{cases} p & \text{if 进入房间时} \\ 0 & \text{if 其他} \end{cases}$	$P=0.9$
关电脑	下班时关	$P = \begin{cases} p & \text{if 下班时} \\ 0 & \text{if 其他} \end{cases}$	$P_1=0.9$

对于办公人员的空调使用行为，我们设定和考察以下两种行为模式：

模式 1：上班就开空调，下班时关；

模式 2：觉得热了才开空调，离开房间、中午出去吃饭或下班时关。

两种模式的具体参数见表 4.2-4、表 4.2-5。

办公人员的空调行为模式 1 表 4.2-4

动作	模式	概率函数	特征参数
开空调	上班时开	$P = \begin{cases} p & \text{if 上班时} \\ 0 & \text{if 其他} \end{cases}$	$P=1$
关空调	下班时关	$P = \begin{cases} p & \text{if 下班时} \\ 0 & \text{if 其他} \end{cases}$	$P=0.9$

办公人员的空调行为模式 2 表 4.2-5

动作	模式	概率函数	特征参数
开空调	觉得热了才开	$P = \begin{cases} 1-\mathrm{e}^{-\left(\frac{T-u}{\bar{l}}\right)^k} & \text{if } T > u \\ 0 & \text{if } T \leqslant u \end{cases}$ 其中，T 为房间干球温度	$u = 28$ $\bar{l} = 5(5\min)$ $k = 1.5$
关空调	中午出去吃饭、下班或离开房间时关	$P = \begin{cases} P_1 & \text{if 中午出去吃饭时} \\ P_2 & \text{if 下班时} \\ P_3 & \text{if 离开房间时} \\ 0 & \text{if 其他} \end{cases}$	$P_1 = 0.9$ $P_2 = 0.9$ $P_3 = 0.1$

实际上，这两种行为模式只有在 VRF 系统下才能体现差异，而对于 VAV 系统，由于办公人员不能自由调节末端，不论他们是哪种行为模式，都将不起作用。对于 VAV 系统，用能行为模拟起到的唯一作用是刻画人员移动所带来的房间发热量的变化。下面计算和比较在这两种行为模式下图 4.2-1 所示办公建筑分别采用 VRF、VAV 系统后的全年空调能耗情况。

4.2.3 研究结果

1. 人员、照明与设备作息

图 4.2-2 给出二层办公室 2-1、2-2、2-3 在某工作日的人员作息模拟结果，其中，1 表示房间有人，0 表示房间无人。

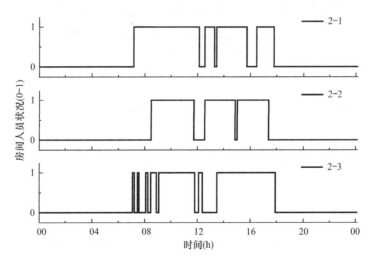

图 4.2-2 办公房间的人员作息

图 4.2-3 给出二层办公室 2-1、2-2、2-3 在某工作日的照明作息模拟结果，其中，1 表示灯具开启，0 表示灯具关闭。

图 4.2-4 给出二层办公室 2-1、2-2、2-3 在某工作日的设备作息模拟结果，其中，1 表示设备开启，0 表示设备关闭。

可以看到，模拟结果有效地反映出人员作息和照明、设备在工作日的使用规律以及随机性，房间照明、设备与人员作息之间的关联性也得到保证，同时也体现出不同房间作息的"不均匀、不同步"性，即使都是单人间办公室，人员与照明、设备使用也不是同步变化的。这些都与实际情况非常吻合。

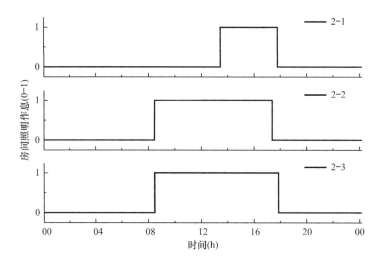

图 4.2-3　办公房间的照明作息

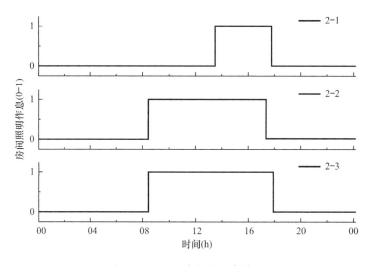

图 4.2-4　办公房间的设备作息

在上述结果的基础上，对办公人员的空调行为以及不同空调系统形式的能耗进行模拟计算。

2. 空调末端运行与房间热环境

对于 VAV 系统而言，所有房间末端的运行与系统主机保持一致，统一启停；一般来说，除了房间设定温度以外，办公人员并不能自主控制 VAV 末端的开与关，不论其空调偏好与使用行为习惯如何，都不起作用。因此，在表 4.2-4、表 4.2-5所示的空调行为模式 1、模式 2 下，VAV 系统的运行结果也必然是相同的。图 4.2-5给出房间 2-1 的 VAV 末端运行结果及室温变化情况。可以看到，VAV 末端早 7：00 到晚 10：00 连续运行，维持室温恒定。

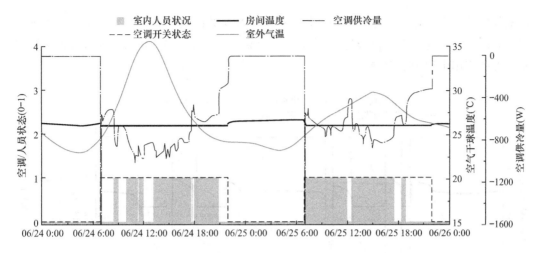

图 4.2-5 模式 1 和模式 2 下 VAV 系统末端（2-1）的运行情况

对于 VRF 系统而言，尽管系统主机（室外机）与 VAV 系统一样是统一管理运行（早 7：00 到晚 10：00），但各个房间末端则由办公人员自行调节（包括开、关和设定温度），其运行情况自然取决于办公人员的空调行为偏好，因此，VRF 系统在不同行为模式下的运行结果也是不同的。图 4.2-6 给出在空调行为模式 1 下房间 2-1VRF 末端的运行结果及室温变化情况。可以看到，VRF 末端在人员上班时开启、下班时关闭，其运行时间与 VRF 系统主机运行时间相比有所缩短。

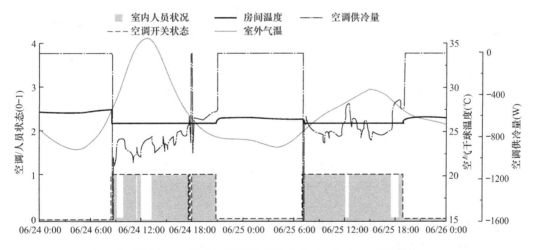

图 4.2-6 模式 1 下 VRF 系统末端（2-1）的运行情况

图 4.2-7 给出空调行为模式 2 下房间 2-1VRF 末端的运行结果及室温变化情况。可以看到，VRF 末端不会一上班就开，而是经过一段时间、感到热了才开，在人员离开房间、出去吃午饭或者下班时关闭，其运行时间与模式 1 相比进一步缩短。

从房间末端的运行情况（图 4.2-8）来看，VAV 系统各个房间末端的运行或者使用作息是同步的，而 VRF 系统一般来说则是不同步的，这一点在空调行为模式 2 下体现得尤为明显，而且这也正是在许多实际场所所观测到的现象。这是由 VAV、VRF 两个系统各自的技术特点以及建筑中用能行为的随机性所共同决定的。而上述模拟结果则表明，通过用能行为模拟可以很好地再现实际情况，准确反映 VRF 系统与 VAV 系统在实际工程应用中出现的差异。

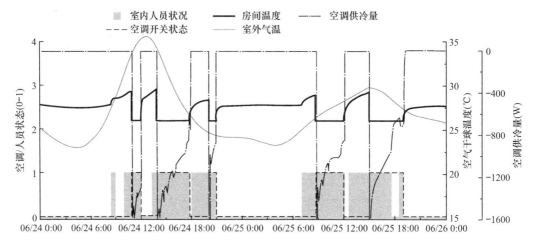

图 4.2-7　模式 2 下 VRF 系统末端（2-1）的运行情况

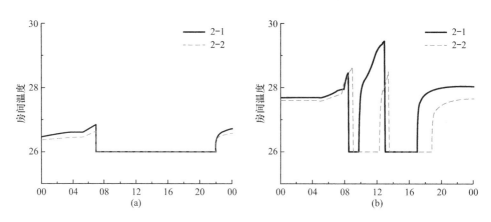

图 4.2-8　模式 2 下 VAV 与 VRF 房间末端的运行及室温状况

（a）不同房间的 VAV 末端；（b）不同房间的 VRF 末端

3. VAV 和 VRF 空调系统的性能比较

通过用能行为模拟与建筑能耗模拟软件（如 DeST）的耦合计算，还可以得到 VAV 和 VRF 系统在各种空调行为模式下的全年能耗，进而对两者的节能性能进行比较评估。

表 4.2-6 给出空调行为模式 1、模式 2 下 VAV 和 VRF 系统全年单位建筑面积的耗冷量和耗电量。VAV 系统在模式 1 和模式 2 下的耗冷量均为 35 [（kW·h）/（m² · a）]，耗电量则为 10 [（kW·h）/（m² · a）]，折合综合 COP＝3.5（包括风机、水泵等耗电）。VRF 系统在模式 1 下的耗冷量为 30.9 [（kW·h）/（m² · a）]，耗电量为 11 [（kW·h）/（m² · a）]，在模式 2 下的耗冷量为 25.8 [（kW·h）/（m² · a）]，耗电量为 9.1 [（kW·h）/（m² · a）]，折

合综合 COP 都大约在 2.8（包括室内机、室外机风机耗电）。从综合 COP 数值来看，两个系统的模拟运行值与按较高节能设计标准或实测运行良好的办公建筑的能效水平大致相当。

<table>
<tr><td colspan="5" align="center">VAV 与 VRF 系统在不同空调行为模式下的能耗状况　　　　表 4.2-6</td></tr>
<tr><td></td><td>VAV 系统耗冷量
$[(kW \cdot h)/(m^2 \cdot a)]$</td><td>VAV 系统耗电量
$[(kW \cdot h)/(m^2 \cdot a)]$</td><td>VRF 系统耗冷量
$[(kW \cdot h)/(m^2 \cdot a)]$</td><td>VRF 系统耗电量
$[(kW \cdot h)/(m^2 \cdot a)]$</td></tr>
<tr><td>模式 1</td><td>35.0</td><td>10.0</td><td>30.9</td><td>11.0</td></tr>
<tr><td>模式 2</td><td>35.0</td><td>10.0</td><td>25.8</td><td>9.1</td></tr>
</table>

图 4.2-9 对上述结果做了对比。可以看到，VRF 系统的能耗水平与办公人员的空调行为模式是紧密相关的。首先看同一系统在不同行为模式下的性能表现。如图 4.2-9（a)所示，VAV 系统由于各个房间集中调节，其能耗水平与办公人员内在的空调启停行为无关，在模式 1 和模式 2 下的耗冷量相同；VRF 系统则随着人员行为模式的改变而发生变化，在模式 2 下的耗冷量比模式 1 有显著降低。

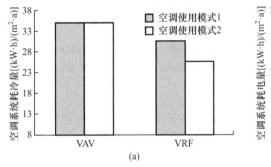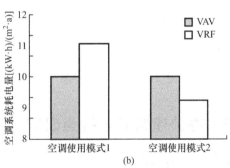

图 4.2-9　VAV 和 VRF 系统在不同空调行为模式下的性能比较
（a）耗冷量；（b）耗电量

分别以两种空调使用模式作为参考基准，对 VAV 和 VRF 系统的性能进行比较评估。如图 4.2-9（b）所示，在模式 1 下，VAV 系统尽管耗冷量较高，但综合 COP 高，故耗电量较低，采用 VAV 系统就比 VRF 系统更节能；而在模式 2 下，VRF 系统尽管综合 COP 较低，但耗冷量低，故耗电量较低，采用 VRF 系统就比 VAV 系统更节能。换言之，虽然 VAV 系统的整体能效水平（即综合 COP）比 VRF 系统高，但这并不意味着它总是更节能，是否节能还取决于建筑中人的行为，不同的行为模式所得到的节能评估结论可能完全相反。

可见，人的行为对办公建筑空调系统的性能评估确实有着重要影响。

4.2.4　小结

利用用能行为模拟技术，定义和比较分析了两种空调行为模式下 VAV 和 VRF 系统的性能表现。研究结果表明，高能效未必导致低能耗，在一种行为模式下节能的系统，在另一种模式下不一定节能，不同的行为模式需要不同的节能技术。空调能耗水平是设备系统与用能行为共同作用的结果，要准确评估系统性能，单纯考察 *COP* 是不够的，还必须与实际的用能行为结合起来进行综合考察。而通过用能行为模拟，就可以很好地做到这一点，从而给出准确定量、符合实际的节能评估结论。

参考文献

[1] 清华大学建筑节能研究中心. 中国建筑节能年度发展研究报告 2013 [M]. 北京：中国建筑工业出版社，2013.

[2] 王旭辉. VRF 空调系统设计与适用性的研究 [M]. 北京：清华大学，2010.

[3] 王闯. 有关建筑用能的人行为模拟研究 [D]. 北京：清华大学，2014.

[4] 清华大学 DeST 开发组. 建筑环境系统模拟分析方法：DeST [M]. 北京：中国建筑工业出版社，2006.

[5] Wang C，Yan D，Jiang Y. A novel approach for building occupancy simulation [J]. Building Simulation，2011，4（2）：149-167.

[6] 王闯，燕达，丰晓航，等. 基于马氏链与事件的室内人员移动模型 [J]. 建筑科学，2015，31（10）：188-198.

[7] 王闯，燕达，孙红三，等. 室内环境控制相关的人员动作描述方法 [J]. 建筑科学，2015，31（10）：199-211.

[8] Wang C，Yan D，Sun H S，et al. A generalized probabilistic formula relating occupant behavior to environmental conditions [J]. Building and Environment，2016，95：53-62.

4.3 办公建筑开窗行为研究

4.3.1 研究对象

良好的室内环境和热舒适状况是保证人生活和工作的重要条件，直接关系到人们的身心健康、工作效率等问题。研究发现，经常调节控制室内环境的人员比那些很少调节控制室内环境的人员对室内环境更满意，并且大大降低了建筑病在室内人员中的发病率[1]。这些研究表明人员行为对楼宇控制的重要性，也就是说，对楼宇的控制从某种程度上取决于室内人员行为。然而，人员行为在不同个体之间呈现出较大差异，从而导致不同楼宇之间的室内环境及建筑能耗也相差甚远[2]。因此，在设计阶段，将与楼宇控制紧密相关的人员行为习惯纳入考虑是十分重要的。

影响建筑能耗的两个重要参数是室内温度和换气次数。为了有效降低建筑能耗，在夏季进行自然通风和混合通风这一节能措施已被广泛应用于建筑中。最普遍的通风方式是通过开窗来增加室内空气循环率。因此，人员开窗行为对建筑能耗和室内环境有着重要影响。在过去 30 年里，为了更好地探究人们是为何、何时及如何改变窗户状态的，欧洲许多国家的科研人员（如英国[3]、丹麦[4]、德国[5]、葡萄牙[6]、瑞士[7]）对此做了大量的研究；目前，国内也有学者对人员开窗行为进行相应的研究[8—10]。基于上述研究成果，可将对建筑人员开窗行为产生重要影响的因素总结为环境因素和非环境因素，具体如表 4.3-1 所示。

人员开窗行为的影响因素[11]   表 4.3-1

类别	影响因素
环境因素	室外环境：室外温度、PM$_{2.5}$浓度、降雨量、太阳辐射照度等 室内环境：室内温度、CO$_2$ 及 PM$_{2.5}$ 浓度
非环境因素	季节、每天不同时间段、先前窗户状态、人员在室情况、窗户类型、窗户朝向、楼层、房间人数、建筑类型、房间类型、供热空调系统形式、人员年龄及性别、房屋财产所有权、吸烟与否和个人偏好

本研究以北京某大学的办公建筑的人员开窗行为为例，介绍在开窗行为研究中如何量化环境因素和非环境因素对人员开窗行为的影响，明确哪些因素对人员开窗行为产生影响，为建立各影响因素与人员开窗行为之间的数学模型提供理论依据。并进一步根据所建立的数学模型，加入人员开窗行为模块优化完善能耗模拟软件。

4.3.2 研究方法

选取北京某高校的一座办公楼的 5 间办公室作为此次研究的对象，在 2014 年过渡季和供暖季对其展开人员开窗行为的研究。该建筑主要由钢筋和砖块砌成。周围无高大建筑物和树木遮挡，如图 4.3-1（左）所示。一层是实验室，二层是 9 间布局相同、面积均为 10m^2 的办公室，如图 4.3-1（右）所示。实测期间，每间办公室只有一人办公且均有一个南向的平开窗。供热方式以水循环式对流散热器和天然气锅炉为主，以市政热水为辅。供冷方式为风机盘管加新风系统。过渡季主要采用自然通风方式。由于该建筑周边噪声很小，本研究不考虑噪声对开窗行为的影响。

图 4.3-1 实验用办公楼（左）和典型办公室（右）

1. 测试仪器

测试期间，二层五间办公室的测试设备主要是人体智能感应仪、窗户位移测试仪、室内温度测试仪和室外便携式气象测试仪。室外便携式气象测试仪安装在办公楼楼顶，窗户位移测试仪及人体智能感应仪均安装在窗口及附近位置，室内温度测试仪放置于距离地面约 1.8m 高的书柜表面。所用仪器都具备自动采集数据和储存数据功能，可 24h 记录数据，并可以通过专用配套软件将其提取出来。测量参数及相应测试仪器如表 4.3-2所示。

测试仪器与参数 表 4.3-2

测量参数	仪器名称	仪器照片
人员在室情况	P-100 型智能人体感应仪	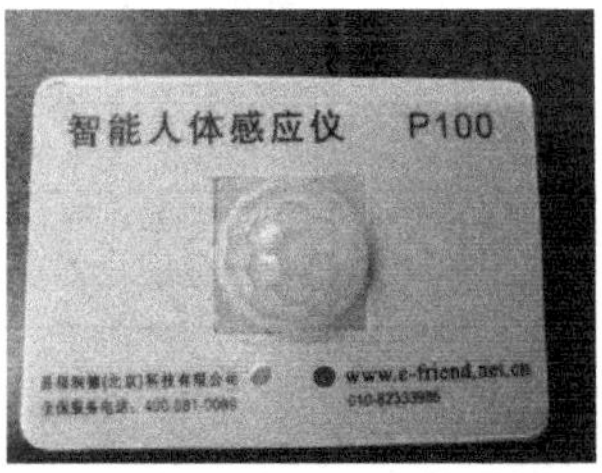
窗户开启情况	D-100 型位移记录仪	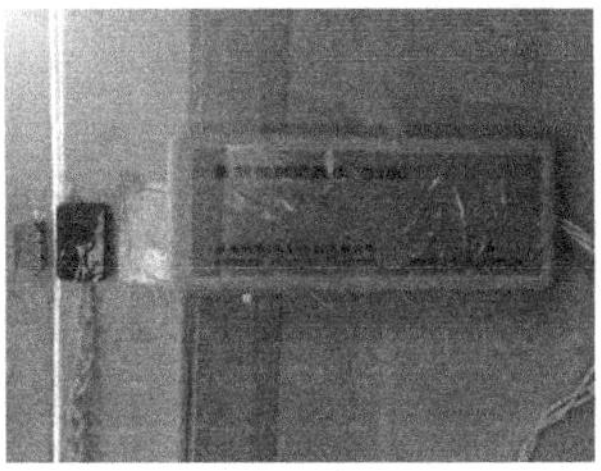
室内温度（℃）	室内温度传感器 TR	
室外温度（℃）	便携式气象站	
室外湿度（%）		
室外风速（m/s）		
室外风向（°）		

2. 数据处理

方差分析（又称 F 检验、F test），用于研究自变量与因变量是否有关系及关系强度。本案例采用方差分析研究两个或两个以上的影响办公室内人员开窗行为的因素对因变量的作用及影响。

二元 Logistic 回归可以根据一系列预测变量的值来预测某种特征或结果是否存在，用于解决因变量是二元变量的分析方法。本案例中窗户状态作为因变量（1 表示开窗，0 表示关窗）是一个二元变量，因此用此方法建立开窗行为与环境参数之间的模型。

4.3.3 研究结果

通过整理分析实时监测的室内外温度、人员在室情况、先前窗户状态的数据，及利用问卷进行个人偏好的调查，筛选出最典型的影响因素，分别从环境因素（室外温度、室内温度）和非环境因素（每天不同时间段、人员在室情况、先前窗户状态、个人偏好）两个角度对开窗行为的影响展开如下分析。

1. 室外温度对开窗行为的影响

室外温度对办公楼开窗状态的影响主要是由开窗百分比与室外温度的关系来体现，其中室外温度每3℃间隔对应计算一个开窗百分比。为了剔除每天不同时间段和人员是否在室的影响，这里使用的数据仅包括办公时间收集到的数据样本，分析结果如图4.3-2所示。整体趋势，该办公建筑在测试期间开窗百分比与室外温度成正比关系，即随着室外温度的升高，开窗比例增加。冬季，当室外温度小于−4℃时，开窗百分比达到最低值即6％，表明人员此时倾向于关窗或保持窗口关闭状态；当室外温度超过8℃时，开窗百分比较大且均接近40％，说明在寒冷地区的冬季，当室外温度超过一定数值，室内人员依旧会保持开窗通风的习惯；值得注意的是，当温度处于−4~−1℃区间时，开窗百分比明显高出前后两个温度区间，有理由推测该温度区间内温度已不构成主要驱动因素，室内空气污染的加剧会导致人员在低温状态下亦选择开窗通风。过渡季，室外温度处于3~6℃时，开窗概率低至13％，而处于36~39℃时，开窗概率高达68％，二者均高于冬季开窗百分比，说明人员在过渡季开窗较为频繁。综上可知，即使过渡季开窗百分比远高于冬季，但在冬季室外温度较低的情况下，室内人员依然有开窗需求。

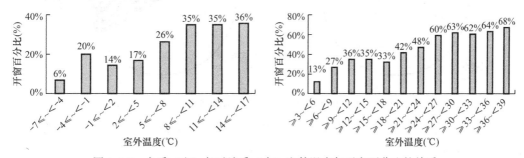

图4.3-2 冬季（左）与过渡季（右）室外温度与开窗百分比的关系

2. 室内温度对开窗行为的影响

由于室内温度变化较室外温度小，室内温度是每2℃为一个间隔来计算相对应的开窗百分比。图4.3-3中整体看室内温度和开窗百分比同样呈正比关系，即随着室内温度的升高，开窗概率也在增加。冬季，当室内温度低于19℃时，开窗百分比均不足10％，此现象可视为人员为保持室内温度不开窗；当室内温度高于25℃时，开窗百分比达到

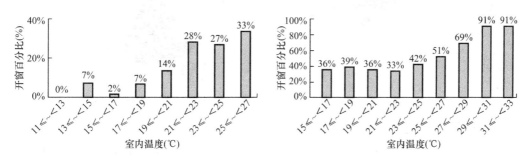

图4.3-3 冬季（左）与过渡季（右）室内温度与开窗百分比的关系

最大值即 33%，说明此时室内温度不再是人员舒适范围，而此时的开窗行为成为该办公建筑间接能耗。过渡季，当室内温度高于29℃时，开窗百分比高达91%，表明为缓解室内高温，人员保持窗口开启状态以便通过自然通风来达到热舒适。

3. 不同时间段及人员在室情况对开窗行为的影响

每天不同时间段对开窗行为产生的影响，如图 4.3-4 所示。由图 4.3-4（左）可知，冬季工作日近17%的开窗行为发生在办公人员首次到达或最终离开办公室的时候。而由图 4.3-4（右）可知，过渡季节概率为33%。冬季，开窗行为在以上两个时段发生概率均不足10%，由于以上两个时段在冬季的温度均较低，为了防止冷空气的进入，同时保证一定的新鲜空气，故出现一定开窗概率。过渡季，人员更倾向于初次到达时开窗通风，这与当季晨间人体热舒适有着密切联系。综上表述，尽管人员在过渡季初次到达办公区域时的开窗概率高于冬季，但人员在冬季依然保持开窗通风习惯。

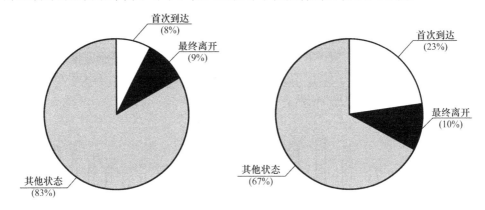

图 4.3-4　冬季（左）和过渡季（右）不同时间段对人员开窗行为的影响

此外，在工作时间临时离开和临时离开后回到办公室也会造成在室情况的变化。图 4.3-5表示在冬季66%的开关窗行为发生在人员办公期间，而过渡季此概率下降至39%。表明该办公建筑在冬季供暖期间存在一定的人为热损失。

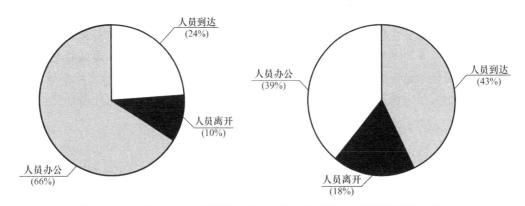

图 4.3-5　冬季（左）和过渡季（右）人员在室情况对人员开窗行为的影响

4. 先前窗户状态对开窗行为的影响

图 4.3-6 及图 4.3-7 分别为冬季和过渡季中不同时段（即首次抵达办公室、最终离开办公室和工作状态）内先前窗户状态对当前窗户状态的影响。图 4.3-6表明，在冬季，

两个时段的先前窗户状态对于人员开关窗选择影响并不大，即无论首次到达还是最终刚离开，人们倾向于保持窗口关闭状态。在过渡季，办公人员在初次到达及最终离开办公区域时对于关闭的窗口出现选择差异。由图 4.3-7 可知，相较于最终离开时段，人员更倾向于在首次抵达办公区域时开启窗户来进行自然通风，以改善该空间整晚封闭造成的室内热不舒适。

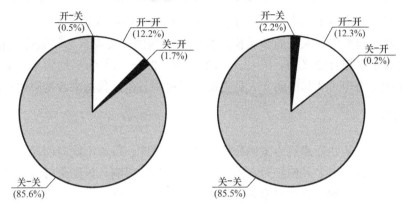

图 4.3-6　冬季办公人员首次抵达时先前窗户状态（左）
和最终离开时先前窗户状态（右）的影响

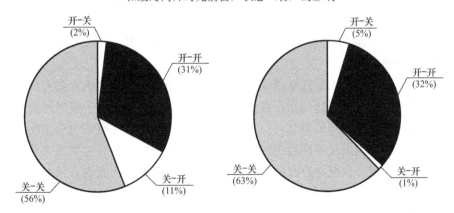

图 4.3-7　过渡季办公人员首次抵达时先前窗户状态（左）
和最终离开时先前窗户状态（右）的影响

5. 个人偏好对开窗行为的影响

已有研究显示，即使在影响室内人员开窗行为的外界因素都一样的情况下，办公建筑室内人员仍有不同的开关窗行为，这种个体间差异可理解为个人偏好[12]。表 4.3-3 列举了与参与测试人员的开窗行为有差异相关的基本信息。

测试房间人员信息　　　　　　　　　　　　　　　　　　　表 4.3-3

房间	人数	年龄	性别	开窗百分比	开关窗次数（次数/周）	吸烟习惯	预测性	活跃度
1	1	42	男	48.7%	4.68	无	无	平均
2	1	37	女	22.0%	2.54	无	无	平均

续表

房间	人数	年龄	性别	开窗百分比	开关窗次数（次数/周）	吸烟习惯	预测性	活跃度
3	1	43	男	15.0%	7.80	无	无	高
4	1	50	女	43.4%	6.98	无	无	高
5	1	45	女	31.2%	1.76	无	有	低

由上表可知，房间 1 和房间 4 的办公人员开窗较为积极（均大于 40%）。另外，选取开关窗次数（即平均每人每周开关窗次数）作为判别开关窗行为频繁性的相关指标，对该指标进行水平划分定义为：0～2.4 为低频率，2.4～5.6 为平均频率，大于 5.6 为高频率，由此看出房间 3 和房间 4 人员更愿意通过调节窗口状态来改变室内环境。

4.3.4　小结

本研究以北京某办公建筑为案例分析了室内外温度、每天不同时间段、人员是否在室、先前的窗户状态和个人偏好对室内人员开窗行为的影响。该结果可以为北京地区办公建筑人员开窗行为的研究和模型建立提供理论基础及数据支撑。

具体结论如下：

（1）室内外温度对室内人员开窗行为有较大影响。随着温度的升高，开窗概率逐渐增加。

（2）供暖季和过渡季室内人员开窗行为存在较大差异，其中供暖季中一部分开窗行为可视为人为的热损失。

（3）每天不同时间段人员在室情况及先前窗户状态都对办公建筑室内人员开窗概率产生一定影响。办公人员更倾向于在离开办公室时关窗，在到达办公室时开窗；供暖季室内人员在室时开关窗动作最频繁，过渡季室内人员到达室内时更倾向于开窗。

（4）即使影响室内人员开窗行为的外界影响因素都一样，所有被测试人员之间也会因个人偏好不同造成开窗概率存在明显的差异。因此，多角度问卷调查及对被测人员信息的了解对于研究人员开窗行为具有重要意义。

本研究的结果还需进一步通过增加建筑类型和样本数量来充实和验证。此外，由于我国地域辽阔且人口众多，气候及地理条件存在多样性，在未来研究中需进一步探索影响我国各气候区室内人员开窗行为的相关因素。

参考文献

［1］　Valentina F，Rune V A，S C,. Occupants" window opening behaviour：A literature review of factors influencing occupant behaviour and models［J］. 2012.

［2］　Anna C M，Andrew C，Dino B，et al. Predicted vs. actual energy performance of non-domestic buildings：Using post-occupancy evaluation data to reduce the performance gap［J］. Applied Energy，2011.

［3］　Frédéric H，Robinson D. On the behaviour and adaptation of office occupants［J］. Building & Environment，2008，43（12）：2163-2177.

［4］　Andersen R，Fabi V，Toftum J，et al. Window opening behaviour modelled from measurements in Danish dwellings [J]. Building and Environment，2013，69（Complete）：101-113.

[5] Markovic R，Grintal E，Wölki D，et al. Window opening model using deep learning methods [J]. Building and Environment，2018，145：319-329.

[6] Duarte R，Glória Gomes M D，Rodrigues A M. Classroom ventilation with manual opening of windows：Findings from a two-year-long experimental study of a Portuguese secondary school [J]. Building & Environment，2017，124：118-129.

[7] Frédéric H，Robinson D. Interactions with window openings by office occupants [J]. Building & Environment，2009，44（12）：2378-2395.

[8] 杨美媛，刘明栖，王慧洋，等. 高校宿舍人员开窗行为研究 [J]. 华北理工大学学报（自然科学版），2019，41（04）：70-74.

[9] 郭雪丽. 西安地区过渡季节居住建筑人员开窗行为研究 [D]. 西安：长安大学，2019.

[10] 苏小文. 严寒地区被动房居民开窗行为与热舒适研究 [D]. 哈尔滨：哈尔滨工业大学，2018.

[11] Valentina Fabi，Rune Vinther Andersen，Stefano Corgnati，等. Occupants" window opening behaviour：A literature review of factors influencing occupant behaviour and models [J]. 58（none）.

[12] Wei S，Buswell R，Loveday D. Factors affecting 'end-of-day' window position in a non-air-conditioned office building [J]. Energy and Buildings，2013，62：87-96.

4.4 办公建筑遮阳调节行为特征调查研究

4.4.1 研究对象

遮阳设施作为围护结构的一部分，夏季可以阻挡室外太阳辐射热量进入室内，冬季可以降低窗户的热量损失，提高室内热舒适性，遮阳可以防止室内温度上升，在闭窗的情况下，有无遮阳，室温最大差值达 2℃，平均差值 1.4℃[1]。而且有遮阳时，房间温度波幅值较小，室温最大值出现时间延迟，室内温度场均匀。但遮阳在阻挡太阳辐射热的同时，也影响到室内自然采光的应用。实验表明，在一般遮阳条件下，室内照度可降低 20%～58%，其中水平和垂直遮阳板可降低照度 20%～40%，综合遮阳板降低 30%～50%[2]。由此可见，建筑实际运行中遮阳的调节控制至关重要，将直接影响到室内光、热环境，进而影响建筑能耗水平。如何定量化研究遮阳的调节行为，是一个亟待解决的问题。

本研究在现有遮阳调节研究基础上，以上海地区既有办公建筑为例，通过对大量建筑的筛选，最后确定 14 幢建筑、944 扇窗户的遮阳进行跟踪拍摄（部分备选建筑及窗遮阳如图 4.4-1 所示）。其中幕墙办公建筑 9 幢，且空间格局以外区办公、内区电梯和楼梯间为主；非幕墙建筑 5 幢，以中间式走廊为主。由于受到地形的影响，建筑朝向多为南向、西南、东南、东北、北向。

4.4.2 研究方法

建筑遮阳调节行为研究，主要以现场调查为主，分析遮阳调节行为特征及主要影响因素。早在 1978 年就有学者对办公建筑遮阳调节进行了现场调查[3]，随后又有学者对

图 4.4-1　部分备选建筑及窗遮阳

办公建筑遮阳展开调查[4]。结果表明，不同建筑朝向、不同季节遮阳所处位置差异较大，与南向建筑相比，北向建筑常处于无遮阳状态[5]；不同办公建筑人员在室情况和遮阳的上、下调节均不相同[6]；晴天遮阳使用调节比例高于阴天的调节比例[7]。遮阳调节频率与建筑朝向、室内外环境因素、天气状况等因素有关[8]。遮阳调节频率与窗户亮度、室外照度等因素之间存在概率关系[9]，且随太阳辐射的变化存在一定的差异性[10]。

基于现有遮阳调节行为研究基础，本研究采用现场调研方法对遮阳调节进行实时监测，定量化研究遮阳调节行为特性。综合人力、物力、财力等因素的考虑，利用照相机现场拍摄的方法监控遮阳调节。对选取的建筑分别进行冬、夏及过渡季节跟踪拍摄，每个季节拍摄时间不少于 4 天，每天不少于 4 次。拍摄时间为 2010 年的 12 月到 2011 年的 9 月。

遮阳帘所处位置受室外环境和使用者意识影响表现出很大的不确定性。为了准确描述遮阳帘状态，本研究利用"遮阳帘使用状态特征值 Y"量化分析遮阳调节规律，将遮阳所处位置由高度上从 0 到 1 平均分成 20 等份，"0"表示无遮阳遮挡，"1"表示遮阳全部遮挡窗户，具体表示方法见文献 [11]。

4.4.3　研究结果

1. 遮阳状态特征分析

图 4.4-2 和图 4.4-3 为不同季节遮阳所处状态特征调查统计结果。由图可知，遮阳卷帘的使用状态一般呈现两头大的规律，即 Y 为 0 和 1 的卷帘数量明显多于其他状态的卷帘数量，但是北向遮阳帘全部放下的数量占据绝对多数；南向建筑遮阳 Y 值在 0.75～1 之间的概率较高（57%～60%），即遮阳处于全关闭或接近关闭状态。西南向遮阳 Y 值则以 0～0.35 范围为主，遮阳处于全开启或小部分遮挡状态。而东南和东北向，遮阳以 0～0.35 和 0.75～1 为主。

2. 遮阳调节随时间的变化规律

通过对 944 扇窗户各个朝向上遮阳的变化数量统计，得到各个朝向上遮阳的调节比例。对比前后两个拍摄时刻的 Y 值，如果 Y 值发生了变化，则认为该遮阳帘被调节一次。通过对调查建筑遮阳使用的统计，分别分析遮阳的全年调节特性、随季节调节特性以及日时段调节特性。

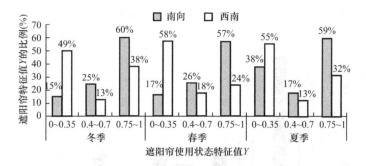

图 4.4-2　南向和西南向不同季节特征值 Y 的规律

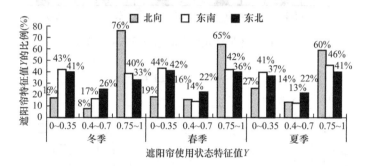

图 4.4-3　北向、东南、东北向不同季节特征值 Y 的规律

用年日平均调节比例表示遮阳全年调节特性，统计结果见图 4.4-4。由图可知，不同朝向上年日平均调节比例差异性较大，南向遮阳调节所占比例较大，其次是西南，北向最小，在无日照的情况下仍有 5% 的遮阳调节。南向遮阳调节比例较高的原因在于南向日照时间长，对遮阳功能需求较多。

为研究季节对遮阳调节的影响，提出

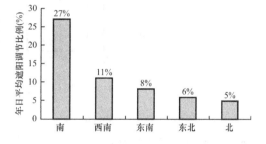

图 4.4-4　不同朝向遮阳日平均调节规律

"季节日平均调节比例"的概念对不同朝向各个季节内建筑遮阳卷帘的调节数量进行统计，结果如图 4.4-5 所示。南向和西南向遮阳以冬季和夏季调节为主，且南向更偏重夏季的调节，西南向更偏重冬季的使用。东南向和东北向遮阳在夏季的调节频率高于冬季和春季，原因在于夏季空气温度高，太阳辐射较强，导致室内人员对遮阳帘的调节行为相对比较多。而对于北向建筑遮阳，由于受到太阳散射辐射影响，夏季太阳直接辐射在北向造成的眩光现象较少，而冬季和春季由于室外气温较低，希望获得太阳辐射导致遮阳帘相对频繁的调节。

对某朝向同一遮阳帘的 Y 值按照季节进行监控，并与相邻季节的 Y 值相比较，如果不同，认为该遮阳帘发生了季节性的调节行为，用季节变化过程中（冬季—春季，春季—夏季）遮阳帘发生调节数量占总窗户数量的比表示，统计结果见图 4.4-6。显然，季节变化导致的遮阳帘的调节比例超过 57%，远高于日调节比例和季节内的调节比例。说明室外气温或者太阳辐射的变化对于遮阳帘的使用具有较大影响，且具有明显的季节性特征。

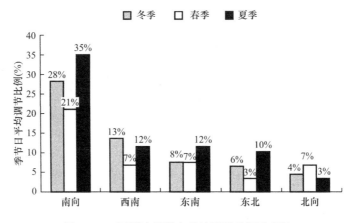

图 4.4-5　不同建筑朝向的遮阳季节调节规律

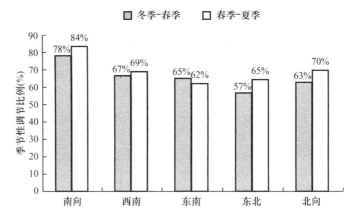

图 4.4-6　不同建筑朝向遮阳调节随季节转换的变化规律

　　为了分析一天中不同时间段对遮阳调节的影响，提出"时段平均调节比例"概念，将一天工作时间划分为上午、中午、下午三个不同时段。统计结果如图 4.4-7 所示。由图可知，不同时段南向的差异性相对较小，其余朝向不同时段遮阳调节比例差异较大。

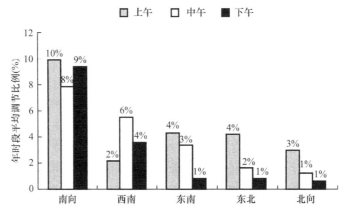

图 4.4-7　不同朝向遮阳时段调节规律

不同时段遮阳调节方向用"时段平均上/下调节比例"表示，统计结果见图 4.4-8。结果表明，不同朝向、不同时段遮阳上下调节特性差异较大，早上首次到室内时，遮阳的调节行为受到多种因素的影响（如工作类型、天气条件、室内照度、个人心理等），遮阳双向调节行为发生的概率都比较高；中午休息的时候向下调节概率也比较高，与午休的需求有关。

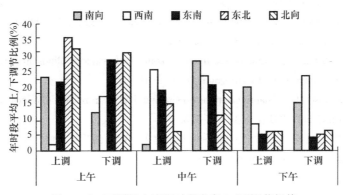

图 4.4-8　不同朝向遮阳时段卷帘上/下调节规律

4.4.4　小结

本研究主要结论如下：

（1）通过对建筑遮阳调节行为的现场调查发现，遮阳所处状态以全遮挡或无遮挡为主，且遮阳上、下的移动的行为具有很大随机性。

（2）遮阳的调节与建筑朝向、季节等因素有关。不同季节，不同建筑朝向遮阳帘的调节不同，由遮阳的全年调节特性可知，南向遮阳调节所占比重较大；不同建筑朝向，遮阳季节调节特性以夏季和冬季调节为主，且遮阳的调节多发生在季节转换时。

（3）一天中遮阳的调节具有明显的时段特征，不同朝向差异较大，除西南朝向外，其他方向主要发生在早上人员到达室内时，西南朝向遮阳调节则以中午时段为主。

（4）遮阳调节行为的方向性、季节特性、时段特性与其功能有关。夏季遮阳往往是避免太阳直射阳光，冬季则是为了争取阳光，过渡季节遮阳帘的应用则可能会兼顾自然采光和自然通风的要求。

基于此，还需要进一步探索遮阳调节的关键影响因素及规律模型。本书的研究将为遮阳调节行为规律模型的研究，以及"以人为本"的遮阳控制策略的研究提供基础数据。

参考文献

［1］　龙惟定，武涌. 建筑节能技术［M］. 北京：中国建筑工业出版社，2009.

［2］　黄朝阳. 建筑遮阳设计及其对室内物理环境的影响［M］. 南京：东南大学，2003.

［3］　Rubin A I, Collins B L, Tibbott R L. Window blinds as a potential energy saver -a case study［J］. NBS Build Sci Ser, 1978, 112.

［4］　Rea M S. Window blind occlusion：A pilot study［J］. Build Environ, 1984, (19)：7-13.

［5］　Inoue T, Kawase T, Ibamoto T, et al. The development of an optimal control system for window shading devices based on investigations in office buildings [J]. ASHRAE Trans，1988，（94）：34-49.

[6] Ardeshir M，Abdolazim M，Elham K，et al. Shading and lighting operation in office buildings in Austria：A study of user control behavior [J]. Build Simul，2008，(1)：111-117.

[7] Sutter Y，Dumortier D，Fontoynont M. The use of shading systems in VDU task offices：A pilot study [J]. Energy Build，2006，(38)：780-789.

[8] Reinhart C F，ross K. Monitoring manual control of electric lighting and blinds [J]. Lighting Research and Technology，2003，(35)：243-260.

[9] Inkarojrit V. Balancing comfort：Occupants' control of window blinds in private offices [D]. Berkeley，CA：University of California；2005. Berkeley.

[10] Haldi F，Robinson D. Adaptive actions on shading devices in response to local visual stimuli [J]. Build Perform Simul，2010，(3)：135-153.

[11] 李翠，李峥嵘，赵群. 既有高层玻璃幕墙建筑遮阳卷帘的调节规律研究 [J]. 西安建筑科技大学学报（自然科学版），2013，(1)：86-91.

4.5　办公建筑遮阳调节行为模型研究

遮阳的调节具有很大的随机性、不确定性，已有研究表明，遮阳下调与否（关闭）与太阳垂直辐射、室外温度以及亮度等因素有关；遮阳上调和下调随太阳辐射及太阳高度角变化而发生改变；不同时段遮阳上调、下调与室内外照度、遮阳所处状态的规律[1-3]。然而所研究的对象分属不同地区，建筑特征也千差万别（有大型幕墙建筑、学校低层办公建筑和政府办公建筑），遮阳设备类型和控制方式也各不相同，因此，各研究之间存在较大差异，且不具有可比性，难以对遮阳调节行为规律预测形成统一的定论。本研究在对遮阳调节大量数据调查的基础上，从气象特征、建筑特征、人员特征等方面，分析遮阳调节的影响因素，利用逻辑回归预测遮阳调节行为规律。

4.5.1　研究对象

遮阳实际使用过程中，主要表现在遮阳的打开（上调）及遮阳的关闭（下调），驱使用户对遮阳的上、下调节动因存在较大的差异性。假设遮阳的开启主要是增加工作面的自然采光水平和保证视野和外界的接触，当早晚室外太阳光线较弱时，用户会上调遮阳，争取阳光，或一天中工作时间过长眼睛疲劳时，也会打开遮阳，眺望室外以缓解疲劳。而遮阳的关闭则主要为了减少工作面的太阳直射和眩光，当工作面出现太阳直射光时，用户通过下调遮阳阻止太阳直射。遮阳调节行为模式是环境与个人因素的综合结果，即 B＝f（P，E），具体如图 4.5-1所示。

目前，建筑遮阳调节应用研究主要从太阳辐射强度、太阳光照度、太阳光线的进深、天气、温度、遮阳帘类型及控制方式、建筑朝向、建筑空间格局、工作面朝向、空调系统等方面调查，分析影响遮阳调节的因素，具体分析见文献 [4]。影响遮阳调节的因素很多，可根据遮阳功能，将调节的因素进行梳理，并列出相关的影响因素，归纳为气候因素、建筑自身因素、人员特征、建筑周边环境因素等，具体见表 4.5-1。

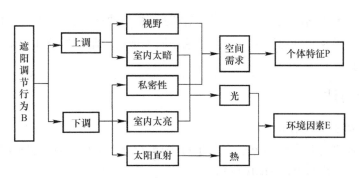

图 4.5-1　遮阳调节行为及其影响因素

建筑遮阳调节影响因素汇总　　　　　　　　　　　　表 4.5-1

序号	遮阳功能	遮阳调节影响因素	主要影响因子
1	热舒适	太阳辐射热、人员热适应性、空调使用、窗的开启	太阳辐射（垂直辐射、透射辐射）、天气状况、室外温度
2	视觉舒适	太阳辐射光、人员对光的偏好性、遮阳类型、照明使用	太阳辐射（室外光照度、亮度）、眩光、天气状况（晴天、阴天）
3	视野需求	建筑自身因素、周边环境因素、人员心理因素	朝向、空间格局、年龄、性别、文化
4	私密性需求	建筑周边环境因素、人员心理因素	朝向、空间格局、年龄、性别、文化

建筑特征、室内人员特征、遮阳设施等对遮阳调节的影响很难准确描述。不同建筑朝向上的日照不同，对遮阳的需求不同；不同空间格局内人员组成不同，室内采光效果不同；不同人员对室内的光环境的需求不同。而现有研究仅根据研究对象的建筑条件和遮阳设施状况，以某个角度进行了调查研究，虽然各结论之间可以相互印证，但都不全面。因此，在对遮阳应用研究时，可以通过对调查样本的筛选简化遮阳使用影响因素，尽量排除非关键因素的影响。选择同一朝向和同一格局办公房间，可以避免建筑本体因素的影响；选择相同遮阳帘，避免遮阳控制方式不同造成的调节差异；选定某一建筑，室内人员特征即为固定的。

除了室内人员的主观感受、建筑特征、遮阳设施等因素外，遮阳调节应考虑地理位置、气候因素等影响。其中太阳辐射是最为重要的影响因素，太阳辐射是影响气候变化的主要因素之一，对建筑物的热环境和建筑采光也有直接而重要的影响，太阳辐射照度具有明显的季节性。不同地区地面上受到太阳辐射照度，随当地地理纬度、大气透明度、季节与时间的变化而有所不同[5]。可见太阳辐射对办公建筑遮阳调节意义重大，在预测遮阳调节规律时，可以进行定量化研究。

气候因素主要包括室外温度、湿度等；天空条件主要是指晴天、阴天、多云天。自然光强度、方向不断改变，太阳高度角变化，天空云朵移动的影响，使进入室内光线的强度、方向不断变化，从而导致遮阳调节的多样性。不同天气、阴天和晴天对遮阳调节也有一定的影响。对于天气状况的影响，通过文献［6］方法将天气状况转化为晴空指数表示。太阳位置变化的影响用太阳高度角表示。

通过对遮阳调节影响因素的筛选，本研究选择室外光照度、太阳总辐照度、室外温度、晴空指数、太阳高度角 5 个因素作为遮阳调节规律研究的自变量。其中室外光照度、太阳总辐照度及室外温度来自室外气象站监测数据。晴空指数和太阳高度角通过现有条件进行计算。

4.5.2 研究方法

1. 数学模型的对比分析

用户行为规律研究常用的方法有马尔可夫链（Markov Chain）、逻辑回归（Logistic）分析、生存分析（Survival Analysis）。

生存分析是对一定时间发生和持续长度时间数据的分析，用以揭示事件发生和发展的规律。在工程、医学和生物学领域应用较为广泛，但在用户行为模型研究应用较少。根据生存分析基本原理，可以预测用户到达室内以后什么时候将会发生照明或窗户的关闭或开启行为，但很难准确把握维持的时间长度，而且很难根据此模型实现对于用户行为的控制。

根据马尔可夫链的基本原理，虽然可以预测用户行为的随机过程，但如果时间步长选择不当，将会造成信息丢失，影响结果的准确性。结合逻辑回归分析可以改善模型的精确度，但由于模型的建立过于复杂，很难在实际工程中应用推广。

逻辑回归分析在用户行为规律研究中应用最为广泛，照明的开启与否、窗户的开启与否、遮阳的调节与否都是两种状态的结果，用逻辑回归分析可以很好的预测这种二分值事件。虽然概率分布只说明用户控制行为发生与否，并不能很好的预测整个过程中行为的动态特征，但具有一定的实际工程使用价值。

基于以上分析，本研究在对遮阳调节研究时，选择逻辑回归分析方法预测遮阳调节规律。

2. 逻辑回归模型的评价

利用逻辑回归模型建立模型时，需要对回归方程整体的显著性、回归系数的显著性进行检验，对模型的拟合优度进行评价[7]。

在对回归方程整体显著性检验时，对连续性自变量常用的检验方法为 Hosmer-Lemeshow 检验，其检验的基本思想是：如果模型整体显著，则实际值为 1 的样本对应的预测概率相对较高，而实际值为 0 的样本对应的预测概率应相对较低。通过比较 Hosemer-Lemeshow 卡方统计量及相应的概率 p 值的显著性水平，判断回归方程是否整体显著。当 p 值大于给定的显著性水平时，不能拒绝原假设，即表明因变量的实际值与预测值没有显著性差异，模型拟合较好[8]。

对逻辑回归系数显著性检验的目的是逐个检验各解释变量是否与 Logistic 有显著的线性关系，是否对 Logistic 解释有重要贡献，回归系数显著性检验常采用 Wald 统计量进行检验，其数学定义为：

$$\text{Wald}_j = \hat{b}_j^2 / S_{\hat{b}_j} \tag{4.5-1}$$

其中，b_j 是回归系数，S_{b_j} 是回归系数的标准误差。Wald 统计量服从自由度为 1 的卡方分布，如果概率 P 值小于给定的显著性水平 a，则应拒绝零假设，认为某解释变量的回归系数与零有显著差异，该解释变量与 Logistic 之间的线性关系显著，应保留在方程中；反之，如概率 P 值大于给定的显著性水平 a，则不应拒绝零假设，认为某解释变量的回归系数与零无显著差异，该解释变量与 Logistic 之间的线性关系不显著，不应保留在方程中，对于多个自变量在回归方程中的重要性判断，可以直接比较 wald 值（或 sig 值），wald 值大者（或 sig 值小者）显著性高，也就更重要[9]。

在逻辑回归分析中，拟合优度可以从两大方面考察，第一，回归方程能够解释被解释变量差异的程度。如果方程可以解释被解释变量的较大部分变差，则说明拟合优度较高，反之说明拟合优度较低。第二，由回归方程计算出的预测值与实际值之间吻合的程度，即方程的总体错判率的高低。如果错判率低则说明拟合优度高，反之说明拟合优度低。

模型的拟合优度评价，常用 NagelkerkeR^2 统计量，它是对 Cox-Snell R^2 统计量的修正，反应方程对被解释变量变差解释的程度，Nagelkerke R^2 数学定义为

$$\text{Nagelkerke } R^2 = \frac{\text{Cox-Snell}R^2}{1-(L_0)^{\frac{2}{N}}} \tag{4.5-2}$$

$$\text{Cox-Snell } R^2 = 1-\left(\frac{L_0}{L_1}\right)^{\frac{2}{N}} \tag{4.5-3}$$

Nagelkerke R^2 的取值范围在 0~1 之间，越接近 1，说明方程的拟合优度越高，越接近 0，说明方程的拟合优度越低[10]。

3. 遮阳调节行为预测模型

利用逻辑分析，建立遮阳调节影响关键因素（室外光照度、太阳总辐照度、室外温度、太阳高度角、晴空指数）与其调节行为之间的关系，见公式（4.5-4）。

$$\text{Logit}P = a + b_1 E_{out} + b_2 L_{sol} + b_3 T_{out} + b_4 h + b_5 K_t + e \tag{4.5-4}$$

式中　$\text{Logit}P$——遮阳调节；
　　　　a——常数项；
　　　　b_i——各变量的待估参数；
　　　　E_{out}——室外光照度；
　　　　L_{sol}——瞬时太阳总辐照度；
　　　　T_{out}——室外问题；
　　　　h——太阳高度角；
　　　　K_t——晴空指数；
　　　　e_i——扰动项。

4.5.3　研究结果

1. 模型各自变量之间的相关性检验

因太阳高度、大气能见度、云量等对光照度和辐射照度有重要作用，因此，在建立关联式时，选取的自变量之间可能存在相关性，特别是室外太阳光照度和太阳总辐照度[10]。为此，需要先对各个因素之间的相关性进行检验。利用皮尔逊相关性分析方法，分别按季节对自变量间的相关性进行判断，结果见表 4.5-2 和表 4.5-3。

夏季各自变量间的相关性判断　　　　　　　　表 4.5-2

夏季	室外温度	室外照度	太阳高度角	太阳辐照度	晴空指数
室外温度	1				
室外照度	-0.09	1			
太阳高度角	0.236*	0.730**	1		
太阳辐照度	0.297*	0.614**	0.851**	1	
晴空指数	0.305*	0.369*	0.498**	0.872**	1

注：* 在 0.05 水平（双侧）上显著相关；** 在 0.01 水平（双侧）上显著相关。

冬季各自变量间的相关性判断　　　　　　　　表 4.5-3

冬季	室外温度	室外照度	太阳高度角	太阳辐照度	晴空指数
室外温度	1				
室外照度	0.153	1			
太阳高度角	0.074	0.966**	1		
太阳辐照度	0.088	0.969**	0.990**	1	
晴空指数	0.013	0.928**	0.910**	0.931**	1

注：** 在 0.01 水平（双侧）上显著相关。

结果表明，室外照度、太阳辐照度、太阳高度角、晴空指数之间存在相关性。

根据皮尔逊相关性分析理论，当相关系数大于 0.8 时，参数之间存在共线的可能性[14]。需要进一步对共线性问题进行判断。多重共线现象会给回归模型参数估计带来一系列的问题，如导致回归方程的解非唯一，使得回归参数估计值的标准差增大，进而使得估计值显著性检验值变小；多重共线性问题的存在使得我们不能在模型中无限度地增加自变量的数目等。多重共线性几乎是不可避免的，因为自变量之间总会存在某种程度的相关，但只有当自变量之间存在的线性关系高到一定程度时，才会发生共线性问题。因此，在建立回归模型前，需要解决多层共线性问题。对遮阳调节影响因素的自变量中，存在相关性参数的共线性诊断结果，如表 4.5-4所示。

自变量间的共线性判断　　　　　　　　表 4.5-4

夏季	共线统计量		夏季	共线统计量	
	容差	VIF		容差	VIF
室外光照度	0.531	1.951	室外光照度	0.531	1.883
太阳辐照度	0.010	96.923	晴空指数	0.736	1.359
晴空指数	0.025	39.263	太阳高度角	0.462	2.166
太阳高度角	0.033	30.017	平均值		1.803
冬季	容差	VIF	冬季	容差	VIF
室外光照度	0.044	22.664	室外光照度	0.046	21.817
太阳高度角	0.016	62.820	晴空指数	0.158	6.341
晴空指数	0.108	9.295	太阳高度角	0.055	18.173
太阳辐照度	0.012	84.964	晴空指数	0.191	5.241
			太阳高度角	0.191	5.241

由表 4.5-4 可知，对于相关性较高的四个主要变量中，无论夏季还是冬季，太阳辐照度和室外光照度、太阳高度角、晴空指数之间存在严重的共线特征；而冬季室外光照

度与晴空指数和太阳高度角之间存也严重的共线性。因此，在回归分析的变量选择中，避免太阳辐照度和室外光照度同时出现在同一方程中；除此之外，还应避免冬季室外光照度与晴空指数和太阳高度角同时出现在模型中。

2. 遮阳调节逻辑模型建立

遮阳调节行为的单参数模型见公式 4.5-5，以开敞式办公室为例，对选定的 5 个自变量进行逻辑回归分析，并通过模型综合系数显著性检验、Hosmer-Lemeshow test 中的拟合优度指标、回归系数的显著性 Wald 统计量检验、回归方程拟合优度 Nagelkerke R^2 检验，判断上述变量是否对遮阳的调节有显著性的影响。由于室外光照度数量级较高，在模型建立时，取 log（室外光照度）进行计算。影响遮阳上、下调节行为因素，通过模型检验的单因素回归分析结果见表 4.5-5。

$$P(X) = \frac{\exp(a+bx)}{1+\exp(a+bx)} \tag{4.5-5}$$

开敞式大办公室遮阳上、下调节回归分析结果 表 4.5-5

开敞式大办公室（A）		B	S.E	Wals	df	Sig.	Exp（B）	
夏季遮阳下调 （S-down）	太阳辐照度	0.003	0.001	4.102	1	0.043	1.003	
	常量	−2.353	0.774	9.244	1	0.002	0.095	
	Log 室外光照度	8.700	3.384	6.608	1	0.010	6001.964	
	常量	−41.999	16.030	6.864	1	0.009	0.000	
夏季遮阳 上调（S-up）	太阳高度角	−.199	0.045	19.190	1	0.000	0.819	
	常量	8.456	2.018	17.567	1	0.000	4705.030	
	太阳辐照度	−.016	0.004	16.820	1	0.000	0.984	
	常量	5.878	1.534	14.689	1	0.000	357.247	
	Log 室外光照度	−21.125	4.710	20.118	1	0.000	0.000	
	常量	97.988	22.018	19.806	1	0.000	3.596E42	
冬季遮阳下调 （W-down）	太阳高度角	0.218	0.060	13.276	1	0.000	1.243	
	常量	−7.244	1.900	14.529	1	0.000	0.001	
	太阳辐照度	0.013	0.004	13.396	1	0.000	1.013	
	常量	−5.368	1.367	15.411	1	0.000	0.005	
	Log 室外光照度	11.099	3.541	9.822	1	0.002	66104.452	
	常量	−52.089	16.499	9.968	1	0.002	0.000	
冬季遮阳 上（W-up）	太阳辐照度	−0.004	0.002	4.240	1	0.039	0.996	
	常量	−0.238	0.522	0.208	1	0.648	0.788	

由表 4.5-5 可知开敞式大办公室（A）的不同季节遮阳上、下调节影响因素不同，同一季节上、下调节影响因素亦不相同。影响遮阳上、下调节的主要参数是太阳辐照度、太阳高度角、室外光照度。太阳辐照度对不同季节遮阳上、下调节均有影响，但影响程度不同，具体见图 4.5-2 和图 4.5-3。

4.5.4 小结

遮阳应用调节影响因素较多，在某选定的建筑中，环境因素起主导作用。为了更准确的描述遮阳的调节行为，筛选遮阳影响关键因素，建立典型遮阳调节模型。结果表明：在特定建筑中，开敞式大办公室遮阳的上、下调节主要受太阳辐射的影响，遮阳的下调随遮阳太阳辐照度的增加而增加，遮阳的上调随着太阳辐照度的增加而减少。另外，遮阳上、下调节具有明显的季节特性，不同季节差异较大。

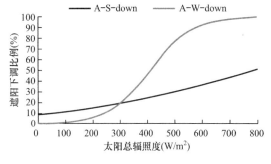

图 4.5-2　太阳辐照度下的遮阳下调规律　　　图 4.5-3　太阳辐照度下的遮阳上调规律

参考文献

［1］ Zhang Y，Barrett P. Factors influencing occupants' blind-control behaviour in a naturally ventilated office building ［J］. Building and Environment，2012，(54)：137-147.

［2］ William O，Konstantinos K，Andreas K A. Manually-operated window shade patterns in office buildings：A critical review ［J］. Building and Environment，2013，Vol. 60：319-338.

［3］ Haldi F，Robinson D. Adaptive actions on shading devices in response to local visual stimuli ［J］. Journal of Building Performance Simulation，2010，Vol. 3 (1)：35-53.

［4］ 李翠，李峥嵘. 建筑遮阳调节行为特性研究 ［J］. 建筑科学，2015，10 (31)：217-220.

［5］ 吴继臣，徐刚. 全国主要城市冬季太阳辐射强度的研究 ［J］. 哈尔滨工业大学学报，2003，10 (33)：1236-1239.

［6］ 姚万祥，李峥嵘，李翠，等. 各种天气状况下太阳辐射照度与太阳光照度关系 ［J］. 同济大学学报（自然科学版），2013，5 (41)：784-78.

［7］ 王济川，郭志刚. Logistic 回归模型——方法与应用 ［M］. 北京：高等教育出版社，2001.

［8］ 薛薇. SPSS 统计分析方法及应用 ［M］. 北京：电子工业出版社，2004.

［9］ 刘大海，李宁，晁阳. SPSS15.0 统计分析从入门到精通 ［M］. 北京：清华大学出版社，2008.

［10］ 何晓群，刘文卿. 应用回归分析（第三版）［M］. 北京：中国人民大学出版社，2011.

4.6　办公建筑设备使用行为研究

4.6.1　研究对象

本研究以办公建筑用能设备为对象对其使用行为进行描述。办公建筑按照使用功能可以分为商业办公、行政办公和科研办公三类，其中商业办公建筑包括写字楼、设计院等，行政办公建筑包括学校和企业的管理楼，科研办公建筑包括研究院、学校研究生办公室等[1-6]。办公建筑室内的设备配置的使用规律如下：

（1）办公室是办公建筑的主要耗能区域，尤其是对于能耗密度较大的多人办公室。办公室内设备可以分为两类：一类是办公设备，以计算机（包括主机和显示器）为主，辅助设备有打印机、扫描仪等；另一类是生活设备，如饮水机、手机充电器等。

（2）不同类型办公建筑办公室区域内，在设备使用方面比较明显的差异在于，设计院一类的商业办公室内大型打印机和复印机数量较多且使用频率较高；行政办公室内以上述提到的办公设备为主，并辅以生活设备，且生活设备在各类办公室中的配置基本相同；科研办公室由于涉及一些特殊软件，对计算机的要求较高。

（3）办公室内不同办公设备的配置比例不同。对于一般小型多人办公室，一间办公室配有1~2台饮水机和1~2台打印机（复印机），一人对应一台计算机。特别的，对于较大面积的开敞办公室，设备配置会根据使用人数的不同而存在差异，一般情况下，每15~20人配置一台小型打印机和一台饮水机。而对于单人办公室，办公设备的配置相对会更加齐全，如增加冰箱、微波炉等设备，但是这种情况较少。

对于办公建筑中会议室和计算机房等功能房间的设备配置与办公室房间明显不同，主要以计算机和投影仪为主。

下面分别对办公建筑内的主要能耗设备使用规律进行介绍。

办公室内的耗能设备以计算机为主，除计算机本身性质外，人员的使用习惯是影响和决定能耗的关键因素，在不同场合下人员对计算机的操作规律如下：

（1）在离开工位时间相似的情况下，不同办公室内计算机出现开机、待机、关机和锁定的概率情况基本相同，说明人员对计算机的使用习惯相似且与工作性质无关。

（2）对于短暂时间离开工位的情况（如去洗手间），为了不影响设备的正常运行，计算机一般会保持原有状态不发生改变，说明人员的短暂流动基本不影响计算机的能耗。

（3）对于较长时间（如就餐、午休）或不可预知时间（如开会）离开工位的情况，50%~60%的人习惯将电脑切换到待机状态，10%~30%的人习惯将电脑保持正常开机状态，10%左右的人将电脑切换至锁定状态，只有不足5%的人会关机。说明大部分人在工作时间内无论出于何种原因离开工位都不会选择关闭计算机。

（4）在可预知的长时间离开工位（如下班）的情况下，60%~90%的人会关机，概率不同情况的出现主要是由工作性质和节能意识差异导致的。下班关机概率较高的办公室内使用人员节能意识较高，除需作运算或监控等特别活动外，一般不会出现下班不关电脑的情况。而节能意识较薄弱的室内人员对于可预知长时间离开而关电脑事情关注度较低。这种情况可以通过加强有关节能的宣传教育、下班统一切断电源等方式得到改善。

综上所述，计算机设备的状态变化主要与人员离开工位的时间长短和可预知性有关，对于多人办公室来说，这一变化可以认为是随机的。

对于打印机、复印机、扫描仪、饮水机和充电器等其他办公设备，它们的使用一般呈现出上班时开启、下班时关闭的规律。其中，打印机、复印机和扫描仪这类设备的使用频率是不确定的，主要由工作情况决定；饮水机的使用频率则主要与办公室内所有人员的饮水量和饮水习惯有关，其中饮水量与季节、年龄、性别、心情等众多因素相关；而充电器的使用完全由工作人员决定，因而认为这些设备的使用都是随机的。

本研究分别选取了商业办公、行政办公和科研办公三类不同工作性质的办公建筑进行调查研究，得到如下规律：

（1）办公室这类主要功能房间在办公建筑中的占有率达到50%～80%，而其他配套用途的房间包括会议室、更衣室、档案室、活动室等占有率较低，其中的用电设备数量和种类相比于办公室房间较少且使用时间短，因而能耗低。

（2）每类办公建筑中的不同办公室房间之间均存在因职务或工作性质不同而造成的人员密度差别，普通员工人均使用面积一般为4～6m²，一般是大的开敞办公室；中层领导办公室一般为10～15m²，一般1～2人一间办公室；高层领导办公室一般为20～30m²，单独使用一间办公室。

（3）对于不同级别的办公室，尽管设备种类基本相同，但设备密度差别较大，所有办公室的用能设备均以计算机为主，人均占有数量为1～2台，其他辅助设备大部分时间处于待机状态。对于单人或双人办公室，由于出差、开会等工作原因造成的与正常工作日不同的特殊情况随机性较大。因此本研究为了探究正常工作情况下的办公设备能耗，选取多人普通办公室（多于8人）为研究对象。

不同类型办公建筑中多人普通办公室内人员由于办公性质的不同，作息时间、外出活动和来访频率等室内人员变化情况也有所不同，不同类型办公建筑内人员变化情况对比见表4.6-1。

商业办公、行政办公和科研办公人员基本情况比较　　　　　　表4.6-1

	商业办公	行政办公	科研办公
工作作息	不固定，集中在8：00～17：00，有加班情况	固定在8：30～17：30，几乎无加班	不固定，集中在9：00～18：00，加班情况多见
人员在建筑内部活动频率	较小	很小	较小
人员外出活动频率	较大，人员比例<30%	很小	较小
来访频率	较大	很小	较小

从表4.6-1可以看出，商业办公建筑内人员工作时间不固定，他们在建筑内部活动频率、外出频率以及外部人员来访频率都高于行政办公和科研办公建筑人员相关活动频率；相比之下，行政办公建筑内人员工作时间较为固定，活动频率也较小；而科研办公建筑内人员工作时间长且多加班，人员活动频率较小。

鉴于以上基本情况，可将多人办公室分为商业办公室、行政办公室和科研办公室分别进行研究。本研究均选择每类建筑中的典型办公室进行重点监测，将研究对象分别命名为办公室1、办公室2和办公室3，并分别对其内部情况进行现场考察，房间基本信息见表4.6-2，内部用电设备基本情况见表4.6-3。

研究对象基本信息表　　　　　　表4.6-2

名称	办公室1	办公室2	办公室3
房间功能	设计服务（商业办公）	行政管理（行政办公）	科学研究（科研办公）
房间类型	大型开敞	大型开敞	大型开敞
房间面积（m²）	80	48	60
工位数（个）	36	20	24
满座人数（人）	35	18	22

续表

名称	办公室1	办公室2	办公室3
人均办公面积（m²/人）	1.2	1.0	1.0
人均使用面积（m²/人）	2.3	2.7	2.7
设备种类	计算机、数码复合机、激光打印机、扫描仪、手机充电器、空气净化器	计算机、激光打印机、手机充电器、单热饮水机	计算机、激光打印机、手机充电器、单热饮水机、空气净化器
能耗〔(kW·h)/(m²·a)〕	384	341	237

房间内用能设备基本信息 表 4.6-3

调研对象	办公室1	办公室2	办公室3
设备额定总功率（W）	14860	6750	8000
单位面积额定设备功率（W/m²）	182.00	140.63	133.33
人均额定设备功率（W/人）	416.00	375.00	363.64
主要办公设备（计算机）			
额定功率（W）	300	300	300
正常工作功率（W）	76.5～178.5	31.4～170.4	23.1～107.9
待机功率（W）	8.5～20.5	11～23.5	11～11.7
关机功率（W）	1.5～2.8	1.8～2.8	1.8～2.3
台数	35	20	24
辅助办公设备1（激光打印机）			
额定功率（W）	1000	1000	1000
正常工作功率（W）	133.2～828.6	154.6～733.1	127.5～746.2
待机功率（W）	4.2	2.8	2.8
关机功率（W）	0.5	0.5	0.5
台数	1	1	1
辅助办公设备2（数码复合机）			
额定功率（W）	1500		
正常工作功率（W）	289.2～950.3		
待机功率（W）	5.6		
关机功率（W）	2.0		
台数	2		
辅助办公设备3（扫描仪）			
额定功率（W）	30		
正常工作功率（W）	11.1～18.9		
待机功率（W）	0.3		
关机功率（W）	0		
台数	1		
生活设备1（单热饮水机）			
额定功率（W）	300	300	350
正常工作功率（W）	50.3～246.7	46.2～235.2	55.6～299.6
待机功率（W）	3.2	3.2	3.5
关机功率（W）	1.5	1.5	1.5
台数	1	1	1

调研对象	办公室1	办公室2	办公室3
生活设备2（手机充电器）			
额定功率（W）	5~12	5~12	5~12
正常工作功率（W）	3.0~6.2	4.2~6.2	5.4~6.2
台数	不确定	不确定	不确定
生活设备3（空气净化器）			
额定功率（W）	47	50	50
正常工作功率（W）	26.3~34.7	27.0~35.0	26.9~35.1
待机功率（W）	0.5	0.5	0.5
关机功率（W）	0.1	0.1	0.1
台数	1	1	1

4.6.2　研究方法

上文主要对办公室内用电设备进行了定性分析，如果需要获取设备的使用和耗能模型，还需要进行定量的测试和分析。本研究以办公室内主要用能设备计算机为例，通过功率计每隔5min记录一次瞬时功率，并将记录结果按照每10W设置一个区间，从而获得每间办公室内计算机不同功率出现的概率分布，见图4.6-1。

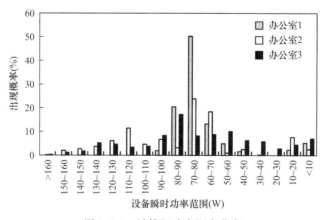

图 4.6-1　计算机功率概率分布

从图4.6-1可以看出，3间办公室内计算机瞬时功率出现频率的最高值集中70~90W之间，在工作时间出现待机或关机的概率为10%左右，这主要与人员的使用习惯有关。办公室1内计算机功率范围比较集中，瞬时功率基本集中在80W上下；办公室2和办公室3内计算机在工作状态下的瞬时功率概率分布基本呈现"中间大，两头小"的分布规律。事实上，对于不同类型办公建筑的每一间办公室，电脑瞬时功率的出现是随机过程。

处理随机过程常用的数学方法有Markov模型和Monte Carlo方法[8]。马尔科夫过程在前文已进行相应解释，其预测准确性受到数据量的限制。而Monte Carlo方法可以弥补数据量不足的缺陷，将该方法与Markov Chain相结合，在体现时间上连续性的同时还能够保证预测结果的准确性[9]，因而本研究中采用Markov Chain与Monte Carlo相结合的方法（MCMC）来建立办公室内计算机使用的随机模型。

办公室计算机瞬时功率可能会出现任意值，差别不大的数据对能耗预测精度几乎没有影响，但是却会使得预测过程过于复杂。为了消除计算机在不同使用状态时的功率差异，按照人员对设备的需求将计算机功率分为高、中、低和待机 4 个挡位，待机状态取 30W 以下，各挡位区间取值 50W，即低挡位功率为 30～80W，中挡位功率范围为 80～130W，高挡位功率为高于 130W。对于每个挡位，按照每 10W 划分一个区间，每个小区间用中间值代表。结合图 4.6-1 所示的功率概率分布，可以得到每个挡位的功率代表值。以上算法基于数学期望的思想，得到计算机瞬时功率计算公式（4.6-1）。

$$E_i = \sum x_i P_i \tag{4.6-1}$$

式中　E_i——实测某挡位电脑瞬时功率，W；

　　　x_i——变量，在本文中即为各挡位 i 的中间值，分别为 5W、15W、…、165W；

　　　P_i——各小区间内瞬时功率出现的概率。

如此计算出的数学期望 E_i，即为各挡位的功率代表值。

分挡后的计算机瞬时功率在每个挡位上都呈现一定的概率分布，因此可以用 Monte Carlo 方法对瞬时功率进行随机模拟，建立设备功率的数学描写。将整个办公室的设备抽象为无差别的标准模型，通过平均值来描述整体情况。本研究以对办公室 3 的模拟数据为例进行分析如下：

首先把调研的瞬时功率值按照高、中、低、待机 4 个挡位进行数据整理，4 个状态分别用 3、2、1、0 表示。定义 5min 为 1 个步长进行程序编写，当第 i 个数据是 i 且第 n 个数据为 j 时，计数器 count（ij）增加 1。当所有的数据全部循环后，得到状态 i 转移到状态 j 的次数，除以总的转换次数，即为状态 i 转移到状态 j 的 n 步转移概率，即

$$P_{ij}^{(n)} = \frac{\text{count}(ij)}{\sum_1^m \text{count}(ij)} \tag{4.6-2}$$

由此得到从状态 i 转移到状态 j 的 n 步转移马尔科夫矩阵：

$$P_{ij}^{(n)} = \begin{bmatrix} P_{00}^{(n)} & P_{01}^{(n)} & P_{02}^{(n)} & P_{03}^{(n)} \\ P_{10}^{(n)} & P_{11}^{(n)} & P_{12}^{(n)} & P_{13}^{(n)} \\ P_{20}^{(n)} & P_{21}^{(n)} & P_{22}^{(n)} & P_{23}^{(n)} \\ P_{30}^{(n)} & P_{31}^{(n)} & P_{32}^{(n)} & P_{33}^{(n)} \end{bmatrix} \tag{4.6-3}$$

4.6.3　研究结果

基于 MCMC 方法，本研究以对办公室 3 的模拟数据为例进行分析如下：

利用马尔科夫矩阵计算得到 120 步以内的计算机使用状态转移概率，结果见图 4.6-2。

通过图 4.6-2 的转移矩阵可以看出，计算机状态自转移的概率随时间间隔的增加而减小，即计算机保持原工作状态的概率下降，而向另外 3 个功率转变的概率增加。这样的转移概率趋势保持不变，直到 12 步转移后出现不平稳现象。说明在现有的数据基础上，该转移矩阵不能预测更长时间以后的数据，否则就可能导致精度下降。将 1～12 步转移矩阵放大画到图 4.6-3 中，发现每天计算机状态之间的转移概率均为平滑曲线且前后变化趋势相同，可以用来做数学描写或做预测，具有一定的现实意义。负荷预测分为长期预测、中期预测、短期预测和超短期预测，对于中长期预测来说，用逐时数据来做月平均或年平均即可，而对于短期预测，需要更细致的时间间隔，例如可以采用 10min 作为数据间隔进行数据预测。

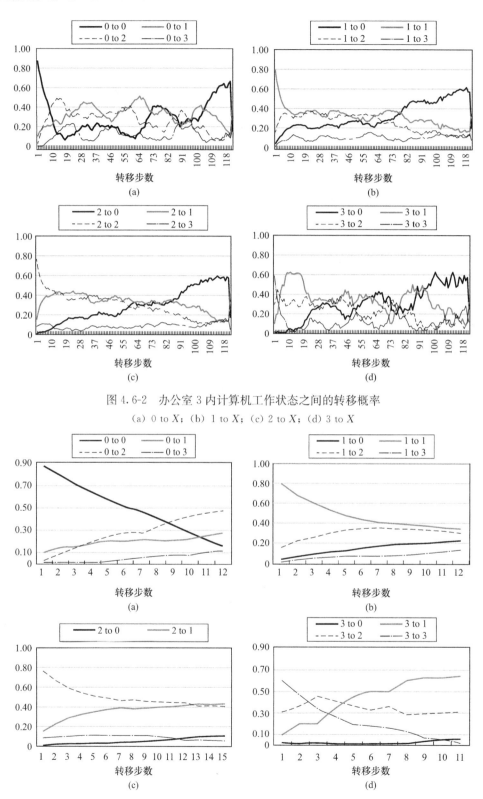

图 4.6-2　办公室 3 内计算机工作状态之间的转移概率

（a）0 to X；（b）1 to X；（c）2 to X；（d）3 to X

图 4.6-3　办公室 3 内计算机工作状态间的 1～12 步转移概率

（a）0 to X；（b）1 to X；（c）2 to X；（d）3 to X

基于以上原因，对于中长期预测，选择12步转移矩阵作为办公室3的马尔科夫转移矩阵，见图4.6-4。

基于此，得到计算机状态的12步转移概率矩阵为：

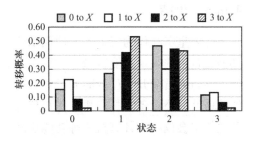

图4.6-4 办公室3以1h为步长的计算机工作状态转移概率

$$P_{ij}^{(12)} = \begin{bmatrix} P_{00}^{(12)} & P_{01}^{(12)} & P_{02}^{(12)} & P_{03}^{(12)} \\ P_{10}^{(12)} & P_{11}^{(12)} & P_{12}^{(12)} & P_{13}^{(12)} \\ P_{20}^{(12)} & P_{21}^{(12)} & P_{22}^{(12)} & P_{23}^{(12)} \\ P_{30}^{(12)} & P_{31}^{(12)} & P_{32}^{(12)} & P_{33}^{(12)} \end{bmatrix}$$

$$= \begin{bmatrix} 0.15 & 0.27 & 0.46 & 0.11 \\ 0.23 & 0.34 & 0.30 & 0.13 \\ 0.08 & 0.42 & 0.44 & 0.06 \\ 0.02 & 0.53 & 0.43 & 0.02 \end{bmatrix}$$

进而得到办公室3计算机瞬时功率的数学描写见公式（4.6-4）。

$$X(t_n) = X(t_0) \times P_{ij}^{(12)}(n) \tag{4.6-4}$$

确定转移矩阵和数学描写后，需要找到平稳分布时各功率档位出现的概率。采用Excel生成伪随机数的方法，生成24个数据组成的随机数，范围在0～170之间，伪随机数服从正态分布。为达到数据平稳的效果，根据公式（4.6-4）所示的数学描写，对上述随机数做1000次迭代，迭代过程由VBA实现。结果显示，在550次迭代后，计算机的瞬时功率出现稳定的周期变化，周期为12。在概率平稳情况下，每天计算机的平均功率变化规律相同，且以一天的工作时间为周期呈平稳变化，各功率档位的概率分别为16.67%、29.17%、45.83%和8.33%。

按照以上思路可以对办公室内其他用电设备的使用状态转移进行描述，从而得到办公建筑内的用能设备的功率变化规律，同样的方法适用于办公室1和办公室2。

在获得办公室内用电设备的使用状态转移概率模型后，为了验证该模型的可行性，利用该模型预测得到的设备使用状态，计算出对应的能耗与实际能耗进行误差诊断。研究表明，当误差小于5%时可以认定预测结果是有效且可行的[10]，否则需要对模型进行修正直至能够满足精度为止。诊断方法见公式（4.6-5）。

$$\mu = \frac{EC_{equ} - EC'_{equ}}{EC'_{equ}} \tag{4.6-5}$$

式中　EC_{equ}——预测的计算机耗电量值，kW·h；

EC'_{equ}——实测的计算机耗电量值，kW·h。

经过计算最终分别得到办公室1、办公室2和办公室3的预测能耗与实际能耗之间的误差值分别为2.97%、0.99%和3.95%，经过分析发现，产生误差的主要原因如下：

（1）不同办公室内人员加班情况受工作性质和工作量影响而较难估计，这一随机性在一定程度上影响了预测精确度。

（2）照明系统的控制行为与室内光照强度相关。但是在工作期间可能由于一些特殊活动导致照明系统被关闭，但这种特殊情况发生的规律性难以掌握，从而导致预得到的照明能耗略高于实际能耗，从而影响预测精确度。

办公室 1、办公室 2 和办公室 3 的预测能耗与实际能耗之间误差值均低于 5%，认为该模型可以较为有效的对办公室用电设备使用状态及产生的能耗进行预测。

4.6.4 小结

办公室房间作为三类不同使用功能办公建筑（商业办公建筑、行政办公建筑和科研办公建筑）的主要耗能区域，计算机是其中主要的用能办公设备，其使用及运行状态转化主要与人员离开工位的时间长短和可预知性有关，且对办公区域的能耗影响较大；其他的辅助办公设备有打印机、扫描仪等；生活设备有饮水机、手机充电器等。而对于办公建筑中会议室和计算机房等功能房间的设备配置与办公室房间明显不同，主要以计算机和投影仪为主。无论何种办公用能设备，它们的使用和状态控制都由室内人员决定，可以认为是一种随机过程。

基于此，本研究在总结了三类不同办公建筑内办公室房间以及其他辅助房间内主要用能设备的使用规律的基础上，以典型多人办公室内的计算机使用为例，利用马尔科夫链（Markov chain）和蒙特卡洛（Monte Carlo）方法相结合（MCMC）提出了一种预测用电设备使用状态转移规律的模型，这种模型可以在体现时间连续性的同时提高预测精度。基于此模型可以实现对办公室内功率变化的长期预测，为现有办公建筑的运行设计以及节能改造提供理论依据。

参考文献

[1] Gandhi P, Brager G S. Commercial office plug load energy consumption trends and the role of occupant behavior [J]. Energy and Buildings, 2016, 125: 1-8.

[2] Schakib-Ekbatan K, Cakici F Z, Schweiker M, et al. Does the occupant behavior match the energy concept of the building? - Analysis of a German naturally ventilated office building [J]. Building and Environment, 2015, 84: 142-150.

[3] Nilsson A, Andersson K, Bergstad C J. Energy behaviors at the office: An intervention study on the use of equipment [J]. Applied Energy, 2015, 146: 434-441.

[4] Andersen P D, Iversen A, Madsen H, et al. Dynamic modeling of presence of occupants using inhomogeneous Markov chains [J]. Energy and Buildings, 2014, 69: 213-223.

[5] Yun G Y, Choi J, Kim J T. Energy performance of direct expansion air handling unit in office buildings [J]. Energy and Buildings, 2014, 77: 425-431.

[6] Agha-Hossein M M, El-Jouzi S, Elmualim A A, et al. Post-occupancy studies of an office environment: Energy performance and occupants' satisfaction [J]. Building and Environment, 2013, 69: 121-123.

[7] 刘菁，王芳. 办公建筑能耗影响因素与数据标准化分析 [J]. 暖通空调，2017，47 (5): 83-88.

[8] Li N, Li J, Fan R, et al. Probability of occupant operation of windows during transition seasons in office building [J]. Renewable Energy, 2015, 73: 84-91.

[9] Chen Z, Xu J, Soh Y C. Modeling regular occupancy in commercial buildings using stochastic models [J]. Energy and Buildings, 2015, 103: 216-223.

[10] Goldstein D B, Eley C. A classification of building energy performance inclices [J]. Energy Efficiency, 2014, 7 (2): 353-375.

4.7 酒店建筑人员在室及空调行为研究

4.7.1 研究对象

随着人民生活水平的日益提高，我国酒店业市场行业占有率呈现显著增长趋势。研究表明，中国的酒店业仍然处于高能耗阶段，酒店能耗水平远远高于居民能源消费消耗水平，具有极大的节能减排潜力。用能行为是影响酒店建筑能耗的重要因素，因此开展酒店建筑的用能行为研究对酒店行业节能减排以及提升效益具有重要意义。但由于酒店建筑私密性要求较高，人员行为的监测工作难以开展。本研究采用无侵入性的方法对夏热冬冷地区酒店建筑客房中人员行为进行监测，并量化分析了酒店建筑中人员在室率变化以及空调调节行为情况。人员在室是人员行为发生的前提，因此在进行用能行为监测时首先需要确定人员是否在室；此外，空调能耗在整体建筑能耗中占据较大比例，因此量化人员对空调的调节行为也十分必要。

首先，需要对研究范围进行界定：在本研究中，重点关注全楼尺度的人员在室率变化情况以及空调调节行为，不深究单个个体行为变化情况以及驱动行为的社会学、心理学等方面的影响因素。

本研究选取夏热冬冷地区两座酒店建筑作为研究对象。人员在室情况数据来源于上海某星级酒店的客房智能监控系统，酒店共 26 层，其中 266 间客房安装有智能监控系统。该系统能够对客房是否有人、人员类型、空调及风机状态以及室内温度进行监控和记录。本研究选取 2017 年 10 月 13 日至 19 日酒店监控系统的记录数据对人员在室率进行分析。人员空调调节行为的记录数据来源于成都某四星级酒店，该酒店共有 395 间客房，数据采集时间段为 2016 年 6 月 1 日至 9 月 30 日。由于监测时段主要为制冷季，因此本研究仅分析人员在制冷工况下对温控器的调节行为。由于部分高级酒店在人员离开房间后并不会关闭空调或将空调设定点调节到预先设定的保温温度，会导致人员重新回到房间后对空调温控器的调节行为发生变化甚至不做调节，因此本研究选择客人离房后关闭空调的酒店作为人员对空调调节行为的数据来源。

4.7.2 研究方法

本研究中的人员在室情况和空调调节行为数据均采用案例实测的方法得到。对于人员在室情况监测，采用动作传感器与门磁探头联动的方式进行判断。由于许多酒店中常常出现客人离开房间后不拔出取电槽内房卡的情况，仅仅通过简单的插拔卡记录对房间人员是否在室进行判断往往不够准确。因此，需要借助其他用能行为监测手段进行辅助判断。考虑到酒店建筑私密性要求，本研究采用无侵入性的动作探测器。在本研究中，客房内的各个房间（卧室、洗浴间、衣帽间等）吊顶内均安装有超声波动作探测器，可以实现对房间内是否有动作进行判断。该探测器与门磁探头联动，每当门磁探头监测到一次房门动作时，房间内的声波动作探测器就会启动对客房内动作进行探测，若某间客房内任一超声波动作探测器判断出房间内存在动作，则判断当前时刻房间内有人，若当前时刻无动作则认为房间无人。客房人员是否在室的数据会自动记录并上传到智能监控系统的数据库中，如图 4.7-1 所示。

BuildName	FloorID	RoomName	MessageT	MessageInfo	LogTime
某某客房06-10F	6	601	消息上传	房间有人，插卡类型为：客人卡	2016/10/13 21:37
某某客房06-10F	6	601	状态检测	房间有人，插卡类型为：客人卡	2016/10/13 21:54
某某客房06-10F	6	601	状态检测	房间有人，插卡类型为：客人卡	2016/10/13 22:55
某某客房06-10F	6	601	状态检测	房间有人，插卡类型为：客人卡	2016/10/13 23:56
某某客房06-10F	6	601	状态检测	房间有人，插卡类型为：客人卡	2016/10/14 0:57
某某客房06-10F	6	601	状态检测	房间有人，插卡类型为：客人卡	2016/10/14 1:59
某某客房06-10F	6	601	状态检测	房间有人，插卡类型为：客人卡	2016/10/14 3:00
某某客房06-10F	6	601	状态检测	房间有人，插卡类型为：客人卡	2016/10/14 4:01
某某客房06-10F	6	601	状态检测	房间有人，插卡类型为：客人卡	2016/10/14 5:02
某某客房06-10F	6	601	状态检测	房间有人，插卡类型为：客人卡	2016/10/14 6:04
某某客房06-10F	6	601	状态检测	房间有人，插卡类型为：客人卡	2016/10/14 7:05
某某客房06-10F	6	601	状态检测	房间有人，插卡类型为：客人卡	2016/10/14 8:06
某某客房06-10F	6	601	状态检测	房间有人，插卡类型为：客人卡	2016/10/14 9:07
某某客房06-10F	6	601	状态检测	房间有人，插卡类型为：客人卡	2016/10/14 10:08
某某客房06-10F	6	601	状态检测	房间有人，插卡类型为：客人卡	2016/10/14 11:10
某某客房06-10F	6	601	状态检测	房间有人，插卡类型为：客人卡	2016/10/14 12:11
某某客房06-10F	6	601	状态检测	房间有人，插卡类型为：客人卡	2016/10/14 13:12
某某客房06-10F	6	601	消息上传	房间有人，插卡类型为：客人卡	2016/10/14 13:41
某某客房06-10F	6	601	消息上传	房间有人，插卡类型为：客人卡	2016/10/14 13:53
某某客房06-10F	6	601	状态检测	房间有人，插卡类型为：客人卡	2016/10/14 14:13
某某客房06-10F	6	601	状态检测	房间有人，插卡类型为：客人卡	2016/10/14 15:15
某某客房06-10F	6	601	状态检测	房间有人，插卡类型为：客人卡	2016/10/14 16:16
某某客房06-10F	6	601	状态检测	房间有人，插卡类型为：客人卡	2016/10/14 17:20
某某客房06-10F	6	601	消息上传	房间无人	2016/10/14 17:35
某某客房06-10F	6	601	状态检测	房间无人	2016/10/14 18:22

图 4.7-1　客房在室情况监测数据库示意图

人员对温控器的调节行为可以直接通过温控器自带传感器进行监测和记录。本研究期望得到人员对空调设定温度的概率分布，因此为保证概率分布事件的独立性，仅选取标准间（共 315 间）客房数据进行分析。同时，该酒店客房空调需要房间插卡槽内插入房卡时才能运行，因此选取温控器数据中空调处于制冷模式且风机开启的数据进行分析。在研究中，近似认为每间客房每天居住的客人均不相同，因此每间客房每天的数据可以视作一个样本。对于温度设定点概率分布而言，参数个数为温度设定点可取值个数，一般温控器可调节范围为 16～30℃，即为 15 个。若要取得统计学上有意义的数据，样本量最少需要 150 个[1]。该酒店温控器调节数据的样本量远远超出样本量最低要求，因此可以认为得出的结果是可信的。

4.7.3　研究结果

对于客房人员在室率数据，首先将数据库中记录人员在室信息的数据导出，并只保留插卡类型为客人卡或房间无人的数据。通过编程对房间在室率数据进行处理，各个房间若记录时刻有人则记为 1，无人则记为 0。各个房间的第一条数据对应的状态则为房间初始状态，读取到此房间下一时刻的数据时，两条数据记录时间间隔内的房间在室状态等于上一条记录的在室状态。若某小时内房间有多次人员在室情况记录，数据处理方法相同，同一小时内在室率可以叠加。若某房间某天全天各个小时在室率求和为 0，则认为该房间未出租，剔除该房间数据。最后求出所有房间各个小时在室率的平均值，即为酒店逐时客房在室率。计算公式如式（4.7-1）及式（4.7-2）所示。

$$单个房间(t) = \frac{t\,小时房间有人的总分钟数}{60\text{min}} \tag{4.7-1}$$

$$所有房间(t) = \frac{\sum 单个房间(t)\,在室率}{总房间数 \times 记录天数} \tag{4.7-2}$$

最终生成酒店客房逐时在室率图表如图 4.7-2所示。该图纵坐标表示在室率，横坐标表示各个小时。如 0：00 表示 0：00 到 1：00 该小时，并以此类推。从图中可以看出，酒店在室率在夜间基本趋于平稳，从早上 7：00 开始直到上午 10：00，在室率出现明显下降，该时间段为酒店客人大量退房或离房的时间。中午 11：00 到 12：00，客房在室率有所上升，此时间段应为有一部分新客人入住以及部分客人回房。从下午 1：00 到 2：00 再次出现在室率的明显下降，也是由于酒店客人大量退房导致。从下午 2：00 到傍晚 6：00，在室率呈缓慢下降趋势，新入住客人在此时间段内逐渐离开房间。从傍晚 7：00 开始，房间在室率明显上升，表明大批客人在结束一天行程后回到酒店房间。

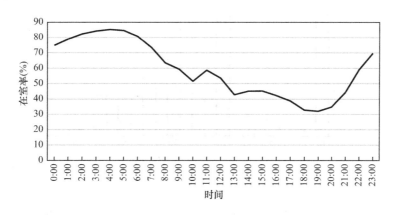

图 4.7-2　酒店客房逐时在室率

图 4.7-2 中酒店客房的逐时在室率数据符合我们的普遍认知。同时，《公共建筑节能设计标准》（GB 50189—2015）[2] 中对宾馆建筑的逐时在室率给出了建议值，如图 4.7-3所示。标准中的在室率是针对整个酒店建筑，该在室率的取值和变化规律也能一定程度地印证客房在室率数据的合理性。此外，鲜有研究统计酒店客房在室率数据，本研究中得出的酒店客房在室率数据在能耗模拟和酒店空调系统设计中都具有一定的应用价值和意义。

对于人员空调使用行为数据，通过编程逐条读取筛选出的酒店温控器记录数据，首先将数据按照房间号和日期进行排序，然后将有效的温控器温度调节数据写入文件。程序判断某条记录是否有效的逻辑为：若相邻两条数据不属于同一房间或同一天，则认为第一条数据有效。若两条数据属于同一房间同一天记录，首先判断温度设定点是否一致，若温度设定点相同，则往下读一条数据。若温度设定点不同，则根据调节时间间隔是否大于 5min 进行判断，若调节间隔大于 5min，则认为第一条数据为有效数据。此外，还需剔除数据中设定温度以及室内温度不合理的数据。最终得到，所有酒店客房在制冷工况下，人员对温控器设定温度的选择的分布如图 4.7-4 所示。

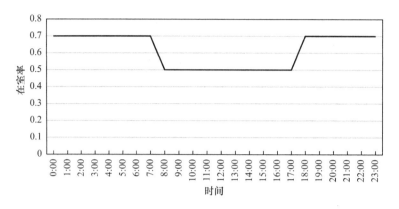

图 4.7-3　《公共建筑节能设计标准》GB 50189—2015 建议宾馆建筑逐时在室率

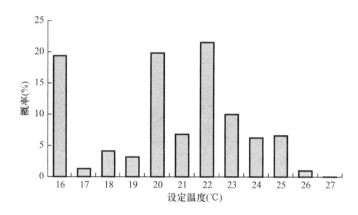

图 4.7-4　人员对温控器设定温度选择

从图 4.7-4 可以看出，酒店客房人员对温控器温度设定点的选择并不存在明显分布。在制冷工况下，客人倾向于将温度设定在较低值，如 16℃、20℃ 及 22℃。由于 22℃ 是温控器面板上的默认温度值，可以看出也有一大部分客人倾向于不对设定温度进行调节。同时，也有一部分客人将温度设定值调高。在模拟中，本研究关注温控器设定温度的调节行为是室内温度的控制目标，会直接影响室内温度。然而，实际室内温度并不完全等于温控器设定温度，真正影响能耗的是室内空气温度。因此，得到在制冷工况下，温控器调节时对应的室内温度分布情况，如图 4.7-5 所示。需要注意的是，图中的室内温度是房间人员对温控器进行调节时的室内温度。人员通常在对室内温度不满意时才会对温度进行调节，因此该图是人员希望离开的室内温度的分布图。但由于图中的温度分布呈现出明显的对称性，可以认为在监测期间，离开某室内温度点的人数基本等于进入某室内温度点的人数。因此，该图也可以看作是室内人员对室温选择的温度分布。

从图中可以看出，人员对室内温度的选择存在近似于正态分布的概率分布。超过 94% 的人员对室内温度的喜好选择，集中在以 25℃ 为中心，±2℃（23～27℃）范围内。与图 4.7-4 中人员对设定温度的选择不存在明显分布的情况形成对比，人员对室温偏好存在明显的分布规律。对比两图可以发现，尽管人员倾向于将设定点调节至较低温度，但是人员偏向于选择高于设定点的室内温度。因而，我们可以推断出人员对温控器的调节行为反映出了人员对空调系统的实际运行情况的理解偏差。人们倾向于认为温度设置得越低，室温下降得越快，这一观点同样也被 Kempton[3] 提出过。并且人员对温控器的设定点选择存在明显的倾向性。此外，两者的差异也可能是人员对温度的认知与实际室温存在偏差所致。

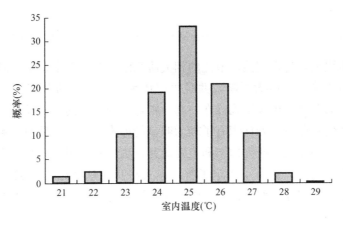

图 4.7-5　人员对室温的选择分布

参考文献

[1] Jackson D L. Revisiting sample size and number of parameter estimates: Some support for the N: q hypothesis [J]. Structural Equation Modeling: A Multidisciplinary Journal, 2003, 10 (1): 128-141.

[2] 中华人民共和国住房和城乡建设部. 公共建筑节能设计标准 [S] GB50189-2015. 2015.

[3] Kempton W. Two theories of home heat control [J]. Cognitive Science, 1986, 10 (1): 75-90.

5 总结与展望

自石油危机以来，建筑用能、节能的相关研究已开展了四十多年。但意识到人的行为模式会对建筑用能产生巨大影响，并且可以成为主要的建筑节能手段之一，将"建筑""用能""行为"这三个关键词连在一起，则是近十年来的研究成果。而就在这短短的十年之间，我们对此三者的认识有了较为明显的进步。基于大量的实测调研与理论分析，建筑中用能行为模式的研究框架和主要研究方法已基本明确，对于不同建筑类型中各种用能行为模式的特点也有了一定了解。本书将我们这些已有的成果进行了初步梳理，希望读者通过本书能够对我们的工作有所了解，也希望我们的工作能够对相关研究起到积极推动作用。

我国正处于发展的关键时期：一方面，经济发展伴随居民生活水平提升，新的环境问题日益显现，居民对室内环境营造的要求随之提高；另一方面，生态文明的建设要求能源消费革命，建筑用能不能够盲目增长。这些要求使得我国建筑用能必然要走一条与众不同的道路，需要提出适宜的行为模式与这一节能路径相匹配。这样的客观现实对我们开展相关研究提出了更高的要求，也是我们持续前行的动力。

在取得进展的同时，我们也发现了更多需要进一步探索的问题：比如用能行为模型的对比校验工作，与常规建筑能耗对比不同的是，用能行为模拟的时间步长为分钟量级，仅对比月统计值、年统计值不能全面反映出模型的精度，因此需要提出一套基于统计分析的校验方法；此外，用能行为模型的实际应用问题，现有研究工作均停留在案例分析阶段，如何将问卷调研结果汇总成典型用能行为模式供实际工程应用将是下一步研究工作的重点。希望当我们对这些问题有了更多的思考之后，可以继续和各位读者探讨。

用能行为研究尚处于起步阶段，相关研究工作还有诸多不完善之处，因此，本书的许多认识还不够深入。希望这些能够得到社会各界的指正，我们将在后续研究中尽力完善。